建设工程工程量清单计价
编制与实例详解系列

园林工程

张红金 主编

中国计划出版社

图书在版编目（CIP）数据

园林工程/张红金主编. —北京：中国计划出版社，
2015.1
（建设工程工程量清单计价编制与实例详解系列）
ISBN 978-7-5182-0064-1

Ⅰ.①园… Ⅱ.①张… Ⅲ.①园林－工程造价
Ⅳ.①TU986.3

中国版本图书馆 CIP 数据核字（2014）第 225447 号

建设工程工程量清单计价编制与实例详解系列
园林工程
张红金　主编

中国计划出版社出版
网址：www.jhpress.com
地址：北京市西城区木樨地北里甲 11 号国宏大厦 C 座 3 层
邮政编码：100038　电话：（010）63906433（发行部）
新华书店北京发行所发行
三河富华印刷包装有限公司印刷

787mm×1092mm　1/16　15.25 印张　378 千字
2015 年 1 月第 1 版　2015 年 1 月第 1 次印刷
印数　1—3000 册

ISBN 978-7-5182-0064-1
定价：36.00 元

编 写 人 员

主　编　张红金

参　编　（按姓氏笔画排序）

王　帅　王　营　左丹丹　刘　洋

刘美玲　孙　莹　孙德弟　曲秀明

郭　闯　崔玉辉　蒋传龙　褚丽丽

前　言

随着我国社会经济的大力发展和人民生活水平的日益提高，人们对居住环境的要求越来越高，园林绿化工程开始迅速地发展。利用好现有的资金，控制好园林工程的造价，对于园林绿化工程项目建设的实际运作具有非常重要的意义。园林绿化工程工程量清单及其计价的编制对整个工程造价控制起着决定性的作用，其准确性直接影响整个工程资金投入是否合理，是整个建设项目造价控制的最重要环节之一。

为了更加广泛深入地推行工程量清单计价，规范建设工程发承包双方的计量、计价行为，适应新技术、新工艺、新材料日益发展的需要，进一步健全我国统一的建设工程计价、计量规范标准体系，2013年住房城乡建设部颁布了《建设工程工程量清单计价规范》GB 50500—2013和《园林绿化工程工程量计算规范》GB 50858—2013等9本计量规范。基于上述原因，我们组织一批多年从事园林绿化工程造价编制工作的专家、学者编写了本书。

本书共四章，主要内容包括：园林工程工程量清单计价基础、园林工程工程量清单计价的编制、园林工程工程量计算及清单编制实例、园林工程工程量清单计价编制实例。本书内容由浅入深，紧密联系实际，方便查阅，可操作性强，既可供园林绿化工程造价编制与管理人员使用，也可供高等院校相关专业师生学习时参考。

由于编者学识和经验有限，虽已尽心尽力，但仍难免存在疏漏或不妥之处，望广大读者批评指正。

编　者

2014 年 8 月

目　录

1 园林工程工程量清单计价基础

1.1 工程量清单计价概述

1.1.1 工程量清单

工程量清单是表现拟建工程的分部分项工程项目、措施项目、其他项目的名称和相应数量以及规费、税金项目等内容的明细清单，由招标人按照《建设工程工程量清单计价规范》GB 50500—2013 附录中统一的项目编码、项目名称、计量单位和工程量计算规则、招标文件以及施工图、现场条件计算出的构成工程实体，可供编制招标控制价及投标报价的实物工程量的汇总清单，是工程招标文件的组成内容，其内容包括分部分项工程量清单、措施项目清单、其他项目清单、规费项目清单以及税金项目清单。

1.1.2 工程量清单计价

1. 工程量清单计价的概念

工程量清单计价是指投标人完成由招标人提供的工程量清单所需的全部费用，包括分部分项工程费、措施项目费、其他项目费和规费、税金。

工程量清单计价是建设工程招标投标中，按照国家统一的工程量清单计价规范，由招标人提供工程数量，投标人自主报价，经评审低价中标的工程造价计价模式。采用工程量清单计价能反映工程个别成本，有利于企业自主报价和公平竞争。

2. 工程量清单计价流程

工程量清单计价过程可分为工程量清单编制阶段（第一阶段）和工程量清单报价阶段（第二阶段）。

1）第一阶段。招标单位在统一的工程量计算规则的基础上制定工程量清单项目，并根据具体工程的施工图纸统一计算出各个清单项目的工程量。

2）第二阶段。投标单位根据各种渠道获得的工程造价信息和经验数据，结合工程量清单计算得到工程造价。

工程量清单计价是多方参与共同完成的，不像施工图预算书可由一个单位编报。工程量清单计价编制流程，如图 1-1 所示。

3. 工程量清单计价的特点

1）统一计价规则。通过制定统一的建设工程工程量清单计价方法、统一的工程量计量规则、统一的工程量清单项目设置规则，达到规范计价行为的目的。这些规则和办法是强制性的，建设各方都应该遵守，这是工程造价管理部门首次在文件中明确政府应管什么，不应管什么。

2）有效控制消耗量。通过由政府发布统一的社会平均消耗量指导标准，为企业提供一个社会平均尺度，避免企业盲目或随意大幅度减少或扩大消耗量，从而达到保证工程质量的目的。

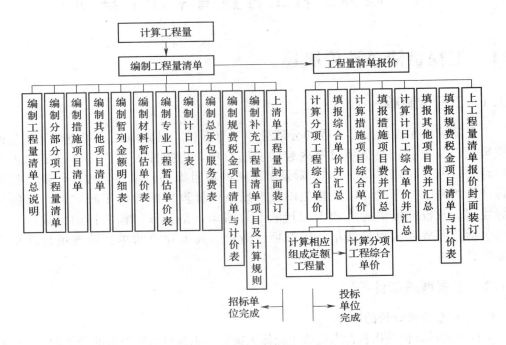

图 1-1　工程量清单计价编制流程

3）彻底放开价格。将工程消耗量定额中的工、料、机价格和利润、管理费全面放开，由市场的供求关系自行确定价格。

4）企业自主报价。投标企业根据自身的技术专长、材料采购渠道和管理水平等，制定企业自己的报价定额，自主报价。企业尚无报价定额的，可参考使用造价管理部门颁布的相关定额。

5）市场有序竞争形成价格。通过建立与国际惯例接轨的工程量清单计价模式，引入充分竞争形成价格的机制，制定衡量投标报价合理性的基础标准，在投标过程中，有效引入竞争机制，淡化标底的作用，在保证质量、工期的前提下，按《中华人民共和国招标投标法》及有关条款规定，最终以"不低于成本"的合理低价者中标。

4. 工程量清单计价方法

工程量清单计价法即"综合单价法"，是以国家颁布的《建设工程工程量清单计价规范》GB 50500—2013、《园林绿化工程工程量计算规范》GB 50858—2013 为依据，首先根据"五统一"（即统一项目名称、项目特征、计量单位、工程量计算规则、项目编码）原则编制出工程量清单；其次由各投标施工企业根据企业实际情况与施工方案，对完成工程量清单中一个规定计量单位项目进行综合报价（包括人工费、材料费、机械使用费、企业管理费、利润、风险费用），最后在市场竞争过程中形成园林工程造价。

其各个分部分项工程的费用不仅包括工料机的费用，还包括各个分部分项工程的间接费、利润、税金、措施费、风险费等，即在计算各个分部分项工程的工料机费用的同时就开始计算各个分部分项工程的间接费、利润、税金、措施费、风险费等。这样就会形成各个分部分项工程的"完全价格（综合价格）"，最后直接汇总所有分部分项工程的"完全价格（综合价格）"就可直接得出工程的工程造价。工程量清单计价方法如图 1-2 所示。

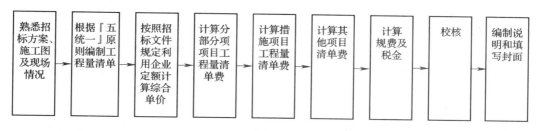

| 熟悉招标方案、施工图及现场情况 | → | 根据『五统一』原则编制工程量清单 | → | 按照招标文件规定利用企业定额计算综合单价 | → | 计算分部分项工程量清单费 | → | 计算措施项目工程量清单费 | → | 计算其他项目清单费 | → | 计算规费及税金 | → | 校核 | → | 编制说明和填写封面 |

图 1-2   工程量清单计价方法示意图

1.1.3   工程量清单计价的影响因素

工程量清单报价中标的工程无论采用何种计价方法，在正常情况下，基本说明工程造价已确定，只是当出现设计变更或工程量变动时，通过签证再结算调整另行计算。工程量清单工程成本要素的管理重点，是在既定收入的前提下，如何控制成本支出。

1. 对用工批量的有效管理

人工费支出约占建筑产品成本的 17%，且随市场价格波动而不断变化。对人工单价在整个施工期间作出切合实际的预测，是控制人工费用支出的前提条件。

首先根据施工进度，月初依据工序合理做出用工数量，结合市场人工单价计算出本月控制指标。其次在施工过程中，依据工程分部分项，对每天用工数量连续记录，在完成一个分项后，就同工程量清单报价中的用工数量对比，进行横评找出存在问题，办理相应手续以便对控制指标加以修正。每月完成几个工程分项后各自同工程量清单报价中的用工数量对比，考核控制指标完成情况。通过这种控制节约用工数量，就意味着降低人工费支出，增加了相应的效益。这种对用工数量控制的方法，最大优势在于不受任何工程结构形式的影响，分阶段加以控制，有很强的实用性。人工费用控制指标，主要是从量上加以控制。重点是通过对在建工程过程控制，积累各类结构形式下实际用工数量的原始资料，以便形成企业定额体系。

2. 材料费用的管理

材料费用开支约占建筑产品成本的 63%，是成本要素控制的重点。材料费用因工程量清单报价形式不同，材料供应方式不同而有所不同。如业主限价的材料价格，如何管理？其主要问题可从施工企业采购过程降低材料单价来把握。首先对本月施工分项所需材料用量下发采购部门，在保证材料质量前提下货比三家。采购过程以工程清单报价中材料价格为控制指标，确保采购过程产生收益。对业主供材供料，确保足斤足两，严把验收入库环节。其次在施工过程中，严格执行质量方面的程序文件，做到材料堆放合理布局，减少二次搬运。具体操作依据工程进度实行限额领料，完成一个分项后，考核控制效果。最后是杜绝没有收入的支出，把返工损失降到最低限度。月末应把控制用量和价格同实际数量横向对比，考核实际效果，对超用材料数量落实清楚，是在哪个工程子项造成的？原因是什么？是否存在同业主计取材料差价的问题等。

3. 机械费用的管理

机械费的开支约占建筑产品成本的 7％，其控制指标主要是根据工程量清单计算出使用的机械控制台班数。在施工过程中，每天做详细台班记录，是否存在维修、待班的台班。如存在现场停电超过合同规定时间，应在当天同业主作好待班现场签证记录，月末将实际使用台班同控制台班的绝对数进行对比，分析量差发生的原因。对机械费价格一般采取租赁协议，合同一般在结算期内不变动，所以，控制实际用量是关键。依据现场情况做到设备合理布局，充分利用。特别是要合理安排大型设备进出场时间，以降低费用。

4. 施工过程中水电费的管理

水电费的管理，在以往工程施工中一直被忽视。水作为人类赖以生存的宝贵资源，越来越短缺，正在给人类敲响警钟。这对加强施工过程中水电费管理的重要性不言而喻。为便于施工过程支出的控制管理，应把控制用量计算到施工子项以便于水电费用控制。月末依据完成子项所需水电用量同实际用量对比，找出差距的出处，以便制定改正措施。总之，施工过程中对水电用量控制既是一个经济效益的问题，更重要的是一个合理利用宝贵资源的问题。

5. 对设计变更和工程签证的管理

在施工过程中，经常会遇到一些原设计未预料的实际情况或业主单位提出要求改变某些施工做法、材料代用等，引发设计变更；同样对施工图以外的内容及停水、停电，或因材料供应不及时造成停工、窝工等都需要办理工程签证。以上两部分工作，首先要由负责现场施工的技术人员做好工程量的确认，如存在工程量清单不包括的施工内容，要及时通知技术人员，将需要办理工程签证的内容落实清楚；其次工程造价人员审核变更或签证签字内容是否清楚完整、手续是否齐全，若手续不齐全，要在当天督促施工人员补办手续，变更或签证的资料应连续编号；最后工程造价人员还应特别注意在施工方案中涉及的工程造价问题。在投标时工程量清单是根据以往的经验计价，建立在既定的施工方案基础上的。施工方案的改变是对工程量清单造价的修正。变更或签证是工程量清单工程造价中所不包括的内容，但在施工过程中费用已经发生，工程造价人员要及时地编制变更及签证后的变动价值。加强设计变更和工程签证工作是施工企业经济活动中的一个重要组成部分，它能够防止应得效益的流失，反映工程真实造价构成，对施工企业各级管理者来说更加重要。

6. 对其他成本要素的管理

成本要素除工料单价法包含的之外，还有管理费用、利润、临时设施费、税金以及保险费等。这部分收入已分散在工程量清单的子项之中，中标后已成既定的数，所以，在施工过程中应注意以下几点：

1) 节约管理费用是重点，制定切实的预算指标，对每笔开支严格依据预算执行审批手续；提高管理人员的综合素质做到高效精干，提倡一专多能。对办公费用的管理，从节约一张纸、减少每次通话时间等方面着手，精打细算，控制费用支出。

2) 利润作为工程量清单子项收入的一部分，在成本不亏损的情况下，即为企业的既定利润。

3）对税金、保险费的管理重点是一个资金问题，依据施工进度及时拨付工程款，确保按国家规定的税金及时上缴。

4）临时设施费管理的重点是根据施工的工期及现场情况合理布局临时设施，尽量就地取材搭建临设，工程接近竣工时及时减少临设的占用。对购买的彩板房每次安、拆要高抬轻放，延长使用次数。日常使用及时维护易损部位，延长使用寿命。

以上几个方面是施工企业的成本要素，针对工程量清单形式带来的风险性，施工企业要从加强过程控制的管理方面入手，才能将风险降到最低点。积累各种结构形式下成本要素的资料，逐步形成科学合理的，具有代表人力、财力及技术力量的企业定额体系。通过企业定额，使报价不再盲目，以防一味过低或过高报价所形成的亏损、废标，以应付复杂激烈的市场竞争。

1.2　建筑安装工程费用构成与计算

1.2.1　建筑安装工程费用的构成

1. 按费用构成要素划分建筑安装工程费用项目

建筑安装工程费按照费用构成要素划分：由人工费、材料（包含工程设备，下同）费、施工机具使用费、企业管理费、利润、规费和税金组成。其中人工费、材料费、施工机具使用费、企业管理费和利润包含在分部分项工程费、措施项目费、其他项目费中，如图 1-3 所示。

（1）人工费

人工费指按工资总额构成规定，支付给从事建筑安装工程施工的生产工人和附属生产单位工人的各项费用。人工费的内容包括：

1）计时工资或计件工资，是指按计时工资标准和工作时间或对已做工作按计件单价支付给个人的劳动报酬。

2）奖金，是指对超额劳动和增收节支支付给个人的劳动报酬。如节约奖、劳动竞赛奖等。

3）津贴补贴，是指为了补偿职工特殊或额外的劳动消耗和因其他特殊原因支付给个人的津贴，以及为了保证职工工资水平不受物价影响支付给个人的物价补贴。如流动施工津贴、特殊地区施工津贴、高温（寒）作业临时津贴、高空津贴等。

4）加班加点工资，是指按规定支付的在法定节假日工作的加班工资和在法定日工作时间外延时工作的加点工资。

5）特殊情况下支付的工资，是指根据国家法律、法规和政策规定，因病、工伤、产假、计划生育假、婚丧假、事假、探亲假、定期休假、停工学习、执行国家或社会义务等原因按计时工资标准或计时工资标准的一定比例支付的工资。

（2）材料费

材料费指施工过程中耗费的原材料、辅助材料、构配件、零件、半成品或成品、工程设备的费用。材料费的内容包括：

1）材料原价，是指材料、工程设备的出厂价格或商家供应价格。

2）运杂费，是指材料、工程设备自来源地运至工地仓库或指定堆放地点所发生的全部费用。

3）运输损耗费，是指材料在运输装卸过程中不可避免的损耗。

4）采购及保管费，是指为组织采购、供应和保管材料、工程设备的过程中所需要的各项费用，包括采购费、仓储费、工地保管费、仓储损耗。

工程设备是指构成或计划构成永久工程一部分的机电设备、金属结构设备、仪器装置及其他类似的设备和装置。

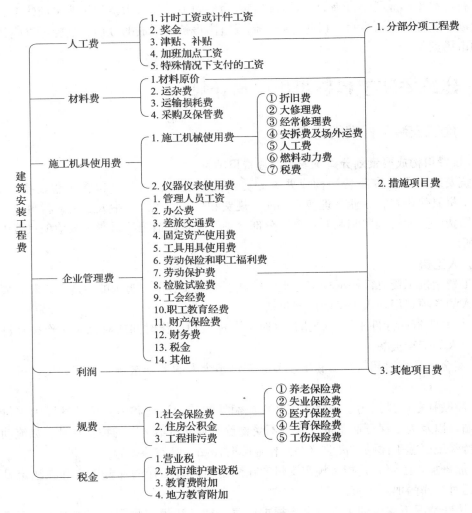

图 1-3　建筑安装工程费用项目组成（按费用构成要素划分）

（3）施工机具使用费

施工机具使用费指施工作业所发生的施工机械、仪器仪表使用费或其租赁费。

1）施工机械使用费以施工机械台班耗用量乘以施工机械台班单价表示，施工机械台班单价应由下列七项费用组成：

①折旧费，是指施工机械在规定的使用年限内，陆续收回其原值的费用。

②大修理费，是指施工机械按规定的大修理间隔台班进行必要的大修理，以恢复其正常功能所需的费用。

③经常修理费，是指施工机械除大修理以外的各级保养和临时故障排除所需的费用。包括为保障机械正常运转所需替换设备与随机配备工具附具的摊销和维护费用，机械运转中日常保养所需润滑与擦拭的材料费用及机械停滞期间的维护和保养费用等。

④安拆费及场外运费，安拆费是指施工机械（大型机械除外）在现场进行安装与拆卸所需的人工、材料、机械和试运转费用以及机械辅助设施的折旧、搭设、拆除等费用；场外运费是指施工机械整体或分体自停放地点运至施工现场或由一施工地点运至另一施工地点的运输、装卸、辅助材料及架线等费用。

⑤人工费，是指机上司机（司炉）和其他操作人员的人工费。

⑥燃料动力费，是指施工机械在运转作业中所消耗的各种燃料及水、电等。

⑦税费，是指施工机械按照国家规定应缴纳的车船使用税、保险费及年检费等。

2）仪器仪表使用费是指工程施工所需使用的仪器仪表的摊销及维修费用。

（4）企业管理费

企业管理费是指建筑安装企业组织施工生产和经营管理所需的费用。内容包括：

1）管理人员工资，是指按规定支付给管理人员的计时工资、奖金、津贴补贴、加班加点工资及特殊情况下支付的工资等。

2）办公费，是指企业管理办公用的文具、纸张、账表、印刷、邮电、书报、办公软件、现场监控、会议、水电、烧水和集体取暖降温（包括现场临时宿舍取暖降温）等费用。

3）差旅交通费，是指职工因公出差、调动工作的差旅费、住勤补助费，市内交通费和误餐补助费，职工探亲路费，劳动力招募费，职工退休、退职一次性路费，工伤人员就医路费，工地转移费以及管理部门使用的交通工具的油料、燃料等费用。

4）固定资产使用费，是指管理和试验部门及附属生产单位使用的属于固定资产的房屋、设备、仪器等的折旧、大修、维修或租赁费。

5）工具用具使用费，是指企业施工生产和管理使用的不属于固定资产的工具、器具、家具、交通工具和检验、试验、测绘、消防用具等的购置、维修和摊销费。

6）劳动保险和职工福利费，是指由企业支付的职工退职金、按规定支付给离休干部的经费，集体福利费、夏季防暑降温、冬季取暖补贴、上下班交通补贴等。

7）劳动保护费，是指企业按规定发放的劳动保护用品的支出。如工作服、手套、防暑降温饮料以及在有碍身体健康的环境中施工的保健费用等。

8）检验试验费，是指施工企业按照有关标准规定，对建筑以及材料、构件和建筑安装物进行一般鉴定、检查所发生的费用，包括自设试验室进行试验所耗用的材料等费用。不包括新结构、新材料的试验费，对构件做破坏性试验及其他特殊要求检验试验的费用和建设单位委托检测机构进行检测的费用，对此类检测发生的费用，由建设单位在工程建设其他费用中列支。但对施工企业提供的具有合格证明的材料进行检测不合格的，该检测费用由施工企业支付。

9）工会经费，是指企业按《工会法》规定的全部职工工资总额比例计提的工会经费。

10）职工教育经费，是指按职工工资总额的规定比例计提，企业为职工进行专业技术和职业技能培训，专业技术人员继续教育、职工职业技能鉴定、职业资格认定以及根据需要对职工进行各类文化教育所发生的费用。

11）财产保险费，是指施工管理用财产、车辆等的保险费用。

12）财务费：是指企业为施工生产筹集资金或提供预付款担保、履约担保、职工工资支付担保等所发生的各种费用。

13）税金，是指企业按规定缴纳的房产税、车船使用税、土地使用税、印花税等。

14）其他包括技术转让费、技术开发费、投标费、业务招待费、绿化费、广告费、公证费、法律顾问费、审计费、咨询费、保险费等。

（5）利润

利润指施工企业完成所承包工程获得的盈利。

（6）规费

规费指按国家法律、法规规定，由省级政府和省级有关权力部门规定必须缴纳或计取的费用。其中包括：

1）社会保险费：

①养老保险费是指企业按照规定标准为职工缴纳的基本养老保险费。

②失业保险费是指企业按照规定标准为职工缴纳的失业保险费。

③医疗保险费是指企业按照规定标准为职工缴纳的基本医疗保险费。

④生育保险费是指企业按照规定标准为职工缴纳的生育保险费。

⑤工伤保险费是指企业按照规定标准为职工缴纳的工伤保险费。

2）住房公积金，是指企业按规定标准为职工缴纳的住房公积金。

3）工程排污费，是指按规定缴纳的施工现场工程排污费。

其他应列而未列入的规费，按实际发生计取。

（7）税金

税金指国家税法规定的应计入建筑安装工程造价内的营业税、城市维护建设税、教育费附加以及地方教育附加。

2. 按造价形式划分建筑安装工程费用项目

建筑安装工程费按照工程造价形成由分部分项工程费、措施项目费、其他项目费、规费、税金组成，分部分项工程费、措施项目费、其他项目费包含人工费、材料费、施工机具使用费、企业管理费和利润，如图1-4所示。

（1）分部分项工程费

分部分项工程费是指各专业工程的分部分项工程应予列支的各项费用。

1）专业工程，是指按现行国家计量规范划分的房屋建筑与装饰工程、仿古建筑工程、通用安装工程、市政工程、园林绿化工程、矿山工程、构筑物工程、城市轨道交通工程、爆破工程等各类工程。

2）分部分项工程，是指按现行国家计量规范对各专业工程划分的项目。如市政工程划分的土石方工程、道路工程、桥涵工程、隧道工程、管网工程、水处理工程、生活垃圾处理工程、路灯工程、钢筋工程及拆除工程等。

各类专业工程的分部分项工程划分见现行国家或行业计量规范。

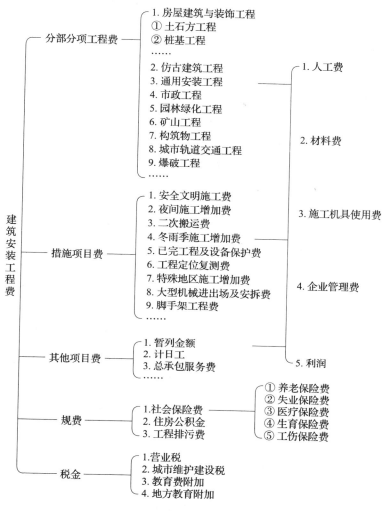

图 1-4 建筑安装工程费用项目组成（按造价形式划分）

（2）措施项目费

措施项目费是指为完成建设工程施工，发生于该工程施工前和施工过程中的技术、生活、安全、环境保护等方面的费用，其内容主要包括：

1）安全文明施工费：

①环境保护费，是指施工现场为达到环保部门要求所需要的各项费用。

②文明施工费，是指施工现场文明施工所需要的各项费用。

③安全施工费，是指施工现场安全施工所需要的各项费用。

④临时设施费，是指施工企业为进行建设工程施工所必须搭设的生活和生产用的临时建筑物、构筑物和其他临时设施费用。其主要包括临时设施的搭设、维修、拆除、清理费或摊销费等。

2）夜间施工增加费。夜间施工增加费是指因夜间施工所发生的夜班补助费、夜间施工降效、夜间施工照明设备摊销及照明用电等费用。

3）二次搬运费。二次搬运费是指因施工场地条件限制而发生的材料、构配件、半成品等一次运输不能到达堆放地点，必须进行二次或多次搬运所发生的费用。

4）冬雨季施工增加费。冬雨季施工增加费是指在冬季或雨季施工需增加的临时设施、防滑、排除雨雪，人工及施工机械效率降低等费用。

5）已完工程及设备保护费。已完工程及设备保护费是指竣工验收前，对已完工程及设备采取的必要保护措施所发生的费用。

6）工程定位复测费。工程定位复测费是指工程施工过程中进行全部施工测量放线和复测工作的费用。

7）特殊地区施工增加费。特殊地区施工增加费是指工程在沙漠或其边缘地区、高海拔、高寒、原始森林等特殊地区施工增加的费用。

8）大型机械设备进出场及安拆费。大型机械设备进出场及安拆费是指机械整体或分体自停放场地运至施工现场或由一个施工地点运至另一个施工地点，所发生的机械进出场运输及转移费用及机械在施工现场进行安装、拆卸所需的人工费、材料费、机械费、试运转费和安装所需的辅助设施的费用。

9）脚手架工程费。脚手架工程费是指施工需要的各种脚手架搭、拆、运输费用以及脚手架购置费的摊销（或租赁）费用。

措施项目及其包含的内容详见各类专业工程的现行国家或行业计量规范。

（3）其他项目费

1）暂列金额，是指建设单位在工程量清单中暂定并包括在工程合同价款中的一笔款项。用于施工合同签订时尚未确定或者不可预见的所需材料、工程设备、服务的采购，施工中可能发生的工程变更、合同约定调整因素出现时的工程价款调整以及发生的索赔、现场签证确认等的费用。

2）计日工，是指在施工过程中，施工企业完成建设单位提出的施工图纸以外的零星项目或工作所需的费用。

3）总承包服务费，是指总承包人为配合、协调建设单位进行的专业工程发包，对建设单位自行采购的材料、工程设备等进行保管以及施工现场管理、竣工资料汇总整理等服务所需的费用。

（4）规费

规费定义同本节第 1 条中（6）。

（5）税金

税金定义同本节第 1 条中（7）。

1.2.2　建筑安装工程费用的计算

1. 各费用构成要素参考计算方法

（1）人工费

$$人工费 = \sum（工日消耗量 \times 日工资单价） \tag{1-1}$$

$$日工资单价 = [生产工人平均月工资（计时计件）+ 平均月（奖金 + 津贴补贴 +$$
$$特殊情况下支付的工资）] / 年平均每月法定工作日 \tag{1-2}$$

注：公式（1-1）主要适用于施工企业投标报价时自主确定人工费，也是工程造价管理机构编制计价定额确定定额

人工单价或发布人工成本信息的参考依据。

$$人工费＝\sum（工程工日消耗量×日工资单价）\tag{1-3}$$

日工资单价是指施工企业平均技术熟练程度的生产工人在每工作日（国家法定工作时间内）按规定从事施工作业应得的日工资总额。

工程造价管理机构确定日工资单价应通过市场调查、根据工程项目的技术要求，参考实物工程量人工单价综合分析确定，最低日工资单价不得低于工程所在地人力资源和社会保障部门所发布的最低工资标准的：普工 1.3 倍、一般技工 2 倍、高级技工 3 倍。

工程计价定额不可只列一个综合工日单价，应根据工程项目技术要求和工种差别适当划分多种日人工单价，确保各分部工程人工费的合理构成。

注：公式（1-3）适用于工程造价管理机构编制计价定额时确定定额人工费，是施工企业投标报价的参考依据。

（2）材料费

1）材料费：

$$材料费＝\sum（材料消耗量×材料单价）\tag{1-4}$$

$$材料单价＝\{（材料原价＋运杂费）×［1＋运输损耗率（\%）］\}$$
$$×［1＋采购保管费率（\%）］\tag{1-5}$$

2）工程设备费：

$$工程设备费＝\sum（工程设备量×工程设备单价）\tag{1-6}$$

$$工程设备单价＝（设备原价＋运杂费）×［1＋采购保管费率（\%）］\tag{1-7}$$

（3）施工机具使用费

1）施工机械使用费：

$$施工机械使用费＝\sum（施工机械台班消耗量×机械台班单价）\tag{1-8}$$

$$机械台班单价＝台班折旧费＋台班大修费＋台班经常修理费$$
$$＋台班安拆费及场外运费＋台班人工费$$
$$＋台班燃料动力费＋台班车船税费\tag{1-9}$$

注：工程造价管理机构在确定计价定额中的施工机械使用费时，应根据《建筑施工机械台班费用计算规则》结合市场调查编制施工机械台班单价。施工企业可以参考工程造价管理机构发布的台班单价，自主确定施工机械使用费的报价，如租赁施工机械，公式为：施工机械使用费＝$\sum$（施工机械台班消耗量×机械台班租赁单价）

2）仪器仪表使用费：

$$仪器仪表使用费＝工程使用的仪器仪表摊销费＋维修费\tag{1-10}$$

（4）企业管理费费率

1）以分部分项工程费为计算基础：

$$企业管理费费率（\%）＝\frac{生产工人年平均管理费}{年有效施工天数×人工单价}×$$
$$人工费占分部分项工程费比例（\%）\tag{1-11}$$

2）以人工费和机械费合计为计算基础：

企业管理费费率（%）

$$＝\frac{生产工人年平均管理费}{年有效施工天数×（人工单价＋每一工日机械使用费）}×100\%\tag{1-12}$$

3）以人工费为计算基础：

$$企业管理费费率（\%）=\frac{生产工人年平均管理费}{年有效施工天数×人工单价}×100\% \qquad (1\text{-}13)$$

注：上述公式适用于施工企业投标报价时自主确定管理费，是工程造价管理机构编制计价定额确定企业管理费的参考依据。

工程造价管理机构在确定计价定额中企业管理费时，应以定额人工费或（定额人工费＋定额机械费）作为计算基数，其费率根据历年工程造价积累的资料，辅以调查数据确定，列入分部分项工程和措施项目中。

（5）利润

1）施工企业根据企业自身需求并结合建筑市场实际自主确定，列入报价中。

2）工程造价管理机构在确定计价定额中利润时，应以定额人工费或（定额人工费＋定额机械费）作为计算基数，其费率根据历年工程造价积累的资料，并结合建筑市场实际确定，以单位（单项）工程测算，利润在税前建筑安装工程费的比重可按不低于 5% 且不高于 7% 的费率计算。利润应列入分部分项工程和措施项目中。

（6）规费

1）社会保险费和住房公积金：社会保险费和住房公积金应以定额人工费为计算基础，根据工程所在地省、自治区、直辖市或行业建设主管部门规定费率计算。

$$社会保险费和住房公积金=\sum（工程定额人工费×社会保险费和住房公积金费率） \qquad (1\text{-}14)$$

式中：社会保险费和住房公积金费率可以每万元发承包价的生产工人人工费和管理人员工资含量与工程所在地规定的缴纳标准综合分析取定。

2）工程排污费：工程排污费等其他应列而未列入的规费应按工程所在地环境保护等部门规定的标准缴纳，按实计取列入。

（7）税金

税金计算公式：

$$税金=税前造价×综合税率（\%） \qquad (1\text{-}15)$$

综合税率：

1）纳税地点在市区的企业：

$$综合税率（\%）=\frac{1}{1-3\%-（3\%×7\%）-（3\%×3\%）-（3\%×2\%）}-1 \qquad (1\text{-}16)$$

2）纳税地点在县城、镇的企业：

$$综合税率（\%）=\frac{1}{1-3\%-（3\%×5\%）-（3\%×3\%）-（3\%×2\%）}-1 \qquad (1\text{-}17)$$

3）纳税地点不在市区、县城、镇的企业：

$$综合税率（\%）=\frac{1}{1-3\%-（3\%×1\%）-（3\%×3\%）-（3\%×2\%）}-1 \qquad (1\text{-}18)$$

4）实行营业税改增值税的，按纳税地点现行税率计算。

2. 建筑安装工程计价

（1）分部分项工程费

$$分部分项工程费=\sum（分部分项工程量×综合单价） \qquad (1\text{-}19)$$

式中：综合单价包括人工费、材料费、施工机具使用费、企业管理费和利润以及一定范围的风险费用（下同）。

（2）措施项目费

1）国家计量规范规定应予计量的措施项目，其计算公式为：

$$措施项目费＝\sum（措施项目工程量×综合单价） \tag{1-20}$$

2）国家计量规范规定不宜计量的措施项目计算方法如下：

①安全文明施工费：

$$安全文明施工费＝计算基数×安全文明施工费费率（％） \tag{1-21}$$

计算基数应为定额基价（定额分部分项工程费＋定额中可以计量的措施项目费）、定额人工费或（定额人工费＋定额机械费），其费率由工程造价管理机构根据各专业工程的特点综合确定。

②夜间施工增加费：

$$夜间施工增加费＝计算基数×夜间施工增加费费率（％） \tag{1-22}$$

③二次搬运费：

$$二次搬运费＝计算基数×二次搬运费费率（％） \tag{1-23}$$

④冬雨季施工增加费：

$$冬雨季施工增加费＝计算基数×冬雨季施工增加费费率（％） \tag{1-24}$$

⑤已完工程及设备保护费：

$$已完工程及设备保护费＝计算基数×已完工程及设备保护费费率（％） \tag{1-25}$$

上述②～⑤项措施项目的计费基数应为定额人工费或（定额人工费＋定额机械费），其费率由工程造价管理机构根据各专业工程特点和调查资料综合分析后确定。

（3）其他项目费

1）暂列金额由建设单位根据工程特点，按有关计价规定估算，施工过程中由建设单位掌握使用、扣除合同价款调整后如有余额，归建设单位。

2）计日工由建设单位和施工企业按施工过程中的签证计价。

3）总承包服务费由建设单位在招标控制价中根据总包服务范围和有关计价规定编制，施工企业投标时自主报价，施工过程中按签约合同价执行。

（4）规费和税金

建设单位和施工企业均应按照省、自治区、直辖市或行业建设主管部门发布标准计算规费和税金，不得作为竞争性费用。

（5）相关问题的说明

1）各专业工程计价定额的编制及其计价程序，均按上述计算方法实施。

2）各专业工程计价定额的使用周期原则上为5年。

3）工程造价管理机构在定额使用周期内，应及时发布人工、材料、机械台班价格信息，实行工程造价动态管理，如遇国家法律、法规、规章或相关政策变化以及建筑市场物价波动较大时，应适时调整定额人工费、定额机械费以及定额基价或规费费率，使建筑安装工程费能反映建筑市场实际。

4）建设单位在编制招标控制价时，应按照各专业工程的计量规范和计价定额以及工程造价信息编制。

5）施工企业在使用计价定额时除不可竞争费用外，其余仅作参考，由施工企业投标时自主报价。

1.2.3 建筑安装工程计价程序

建设单位工程招标控制价计价程序见表 1-1。

表 1-1 建设单位工程招标控制价计价程序

工程名称：　　　　　　　　　　　标段：

序号	内　　容	计算方法	金额（元）
1	分部分项工程费	按计价规定计算	
1.1			
1.2			
1.3			
1.4			
1.5			
2	措施项目费	按计价规定计算	
2.1	其中：安全文明施工费	按规定标准计算	
3	其他项目费		
3.1	其中：暂列金额	按计价规定估算	
3.2	其中：专业工程暂估价	按计价规定估算	
3.3	其中：计日工	按计价规定估算	
3.4	其中：总承包服务费	按计价规定估算	
4	规费	按规定标准计算	
5	税金 （扣除不列入计税范围的工程设备金额）	（1＋2＋3＋4）×规定税率	
招标控制价合计＝1＋2＋3＋4＋5			

施工企业工程投标报价计价程序见表1-2。

表1-2 施工企业工程投标报价计价程序

工程名称： 标段：

序号	内　容	计算方法	金额（元）
1	分部分项工程费	自主报价	
1.1			
1.2			
1.3			
1.4			
1.5			
2	措施项目费	自主报价	
2.1	其中：安全文明施工费	按规定标准计算	
3	其他项目费		
3.1	其中：暂列金额	按招标文件提供金额计列	
3.2	其中：专业工程暂估价	按招标文件提供金额计列	
3.3	其中：计日工	自主报价	
3.4	其中：总承包服务费	自主报价	
4	规费	按规定标准计算	
5	税金 （扣除不列入计税范围的工程设备金额）	（1＋2＋3＋4）×规定税率	
投标报价合计＝1＋2＋3＋4＋5			

竣工结算计价程序见表1-3。

表 1-3 竣工结算计价程序

工程名称：　　　　　　　　　　　　标段：

序号	内　容	计算方法	金额（元）
1	分部分项工程费	按合约约定计算	
1.1			
1.2			
1.3			
1.4			
1.5			
2	措施项目	按合同约定计算	
2.1	其中：安全文明施工费	按规定标准计算	
3	其他项目		
3.1	其中：专业工程结算价	按合同约定计算	
3.2	其中：计日工	按计日工签证计算	
3.3	其中：总承包服务费	按合同约定计算	
3.4	索赔与现场签证	按发承包双方确认数额计算	
4	规费	按规定标准计算	
5	税金（扣除不列入计税范围的工程设备金额）	（1＋2＋3＋4）×规定税率	
竣工结算总价合计＝1＋2＋3＋4＋5			

1.3　园林工程分部分项工程划分

1.3.1　建设项目

　　建设项目是指在一个总体设计或初步设计范围内进行施工、在行政上具有独立的组织形式、经济上实行独立核算、有法人资格与其他经济实体建立经济往来关系的建设工程实体。建设项目一般是指一个企业或一个事业单位的建设，如××化工厂、××商厦、××大学、××住宅小区等，如一个公园、一个游乐园、一个动物园等就是一个工程建设项目。建设项目可以由一个或几个工程项目组成。

1.3.2　工程项目

工程项目又称单项工程，是建设项目的组成部分。工程项目都有独立的设计文件，竣工后能够独立发挥生产能力或使用效益。工程项目是具有独立存在意义的一个完整过程，也是一个极为复杂的综合体，是由许多单位工程组成的，如一个公园里的码头、水榭、餐厅等。

1.3.3　单位工程

单位工程是指具有单独设计，可以独立组织施工，但竣工后不能独立发挥生产能力或使用效益的工程。一个工程项目，按照它的构成，一般都可以划分为建筑工程、设备购置及其安装工程，其中建筑工程还可以按照其中各个组成部分的性质、作用划分为若干个单位工程。以园林工程为例，可以分解为绿化工程、园林景观工程等单位工程。

1.3.4　分部工程

每一个单位工程仍然是一个较大的组合体，由许多结构构件、部件或更小的部分所组成。在单位工程中，按部位、材料和工种进一步分解出来的工程，称为分部工程。

1.3.5　分项工程

由于每一分部工程中影响工料消耗大小的因素仍然很多，所以为了计算工程造价和工料消耗量的方便，还必须把分部工程按照不同的施工方法、不同的构造、不同的规格等，进一步分解为分项工程。分项工程是指能够单独地经过一定施工工序完成，并且可以采用适当计量单位计算的建筑或安装工程。

根据《园林绿化工程工程量计算规范》GB 50858—2013 的规定，园林工程分为三个分部工程：绿化工程，园路、园桥工程，园林景观工程。每个分部工程又分为若干个子分部工程。每个子分部工程中又分为若干个分项工程。每个分项工程有一个项目编码。园林工程分部分项工程划分详见表 1-4。

表 1-4　园林工程分部分项工程划分

分部工程	子分部工程	分 项 工 程
绿化工程	绿地整理	砍伐乔木、挖树根（蔸）砍挖灌木丛及根、砍挖竹及根、砍挖芦苇（或其他水生植物）及根、清除草皮、清除地被植物、屋面清理、种植土回（换）填、整理绿化用地、绿地起坡造型、屋顶花园基底处理
	栽植花木	栽植乔木、栽植灌木、栽植竹类、栽植棕榈类、栽植绿篱、栽植攀缘植物、栽植色带、栽植花卉、栽植水生植物、垂直墙体绿化种植、花卉立体布置、铺种草皮、喷播植草（灌木）籽、植草砖内植草、挂网、箱/钵栽植
	绿地喷灌	喷灌管线安装、喷灌配件安装

续表 1-4

分部工程	子分部工程	分 项 工 程
园路、园桥工程	园路、园桥工程	园路；踏（蹬）道；路牙铺设；树池围牙、盖板（箅子）；嵌草砖（格）铺装；桥基础；石桥墩、石桥台；拱券石；石券脸；金刚墙砌筑；石桥面铺筑；石桥面檐板；石汀步（步石、飞石）；木制步桥；栈道
	驳岸、护岸	石（卵石）砌驳岸、原木桩驳岸、满（散）铺砂卵石护岸（自然护岸）、点（散）布大卵石、框格花木护坡
园林景观工程	堆塑假山	堆筑土山丘、堆砌石假山、塑假山、石笋、点风景石、池石、盆景山、山（卵）石护角、山坡（卵）石台阶
	原木、竹构件	原木（带树皮）柱、梁、檩、椽；原木（带树皮）墙；树枝吊挂楣子；竹柱、梁、檩、椽；竹编墙；竹吊挂楣子
	亭廊屋面	草屋面、竹屋面、树皮屋面、油毡瓦屋面、预制混凝土穹顶、彩色压型钢板（夹芯板）攒尖亭屋面板、彩色压型钢板（夹芯板）穹顶、玻璃屋面、支（防腐木）屋面
	花架	现浇混凝土花架柱、梁；预制混凝土花架柱、梁；金属花架柱、梁；木花架柱、梁；竹花架柱、梁
	园林桌椅	预制钢筋混凝土飞来椅、水磨石飞来椅、竹制飞来椅；现浇混凝土桌凳；预制混凝土桌凳；石桌石凳；水磨石桌凳；塑树根桌凳；塑树节椅；塑料、铁艺、金属椅
	喷泉安装	喷泉管道、喷泉电缆、水下艺术装饰灯具、电气控制柜、喷泉设备
	杂项	石灯；石球；塑仿石音箱；塑树皮梁、柱；塑竹梁、柱；铁艺栏杆；塑料栏杆；钢筋混凝土艺术围栏；标志牌；景墙；景窗；花饰；博古架；花盆（坛箱）；摆花；花池；垃圾箱、砖石砌小摆设；其他景观小摆设；柔性水池

1.4 园林工程工程量计价表格

1.4.1 计价表格组成

1. 工程计价文件封面

1）招标工程量清单封面：封-1。

2）招标控制价封面：封-2。

3）投标总价封面：封-3。

4）竣工结算书封面：封-4。

5）工程造价鉴定意见书封面：封-5。

2．工程计价文件扉页

1）招标工程量清单扉页：扉-1。

2）招标控制价扉页：扉-2。

3）投标总价扉页：扉-3。

4）竣工结算总价扉页：扉-4。

5）工程造价鉴定意见书扉页：扉-5。

3．工程计价总说明

总说明：表-01。

4．工程计价汇总表

1）建设项目招标控制价/投标报价汇总表：表-02。

2）单项工程招标控制价/投标报价汇总表：表-03。

3）单位工程招标控制价/投标报价汇总表：表-04。

4）建设项目竣工结算汇总表：表-05。

5）单项工程竣工结算汇总表：表-06。

6）单位工程竣工结算汇总表：表-07。

5．分部分项工程和措施项目计价表

1）分部分项工程和单价措施项目清单与计价表：表-08。

2）综合单价分析表：表-09。

3）综合单价调整表：表-10。

4）总价措施项目清单与计价表：表-11。

6．其他项目计价表

1）其他项目清单与计价汇总表：表-12。

2）暂列金额明细表：表-12-1。

3）材料（工程设备）暂估单价及调整表：表-12-2。

4）专业工程暂估价及结算价表：表-12-3。

5）计日工表：表-12-4。

6）总承包服务费计价表：表-12-5。

7）索赔与现场签证计价汇总表：表-12-6。

8）费用索赔申请（核准）表：表-12-7。

9）现场签证表：表-12-8。

7．规费、税金项目计价表

规费、税金项目计价表：表-13。

8．工程计量申请（核准）表

工程计量申请（核准）表：表-14。

9．合同价款支付申请（核准）表

1）预付款支付申请（核准）表：表-15。

2）总价项目进度款支付分解表：表-16。

3）进度款支付申请（核准）表：表-17。

4）竣工结算款支付申请（核准）表：表-18。

5）最终结清支付申请（核准）表：表-19。

10. 主要材料、工程设备一览表

1）发包人提供材料和工程设备一览表：表-20。

2）承包人提供主要材料和工程设备一览表（适用于造价信息差额调整法）：表-21。

3）承包人提供主要材料和工程设备一览表（适用于价格指数差额调整法）：表-22。

1.4.2　计价表格使用规定

1）工程计价表宜采用统一格式。各省、自治区、直辖市建设行政主管部门和行业建设主管部门可根据本地区、本行业的实际情况，在《建设工程工程量清单计价规范》（GB 50500—2013）中附录B至附录L计价表格的基础上补充完善。

2）工程计价表格的设置应满足工程计价的需要，方便使用。

3）工程量清单的编制使用表格包括：封-1、扉-1、表-01、表-08、表-11、表-12（不含表-12-6～表-12-8）、表-13、表-20、表-21或表-22。

4）招标控制价、投标报价、竣工结算的编制使用表格：

①招标控制价使用表格包括：封-2、扉-2、表-01、表-02、表-03、表-04、表-08、表-09、表-11、表-12（不含表-12-6～表-12-8）、表-13、表-20、表-21或表-22。

②投标报价使用的表格包括：封-3、扉-3、表-01、表-02、表-03、表-04、表-08、表-09、表-11、表-12（不含表-12-6～表-12-8）、表-13、表-16、招标文件提供的表-20、表-21或表-22。

③竣工结算使用的表格包括：封-4、扉-4、表-01、表-05、表-06、表-07、表-08、表-09、表-10、表-11、表-12、表-13、表-14、表-15、表-16、表-17、表-18、表-19、表-20、表-21或表-22。

5）工程造价鉴定使用表格包括：封-5、扉-5、表-01、表-05～表-20、表-21或表-22。

6）投标人应按招标文件的要求，附工程量清单综合单价分析表。

园林工程工程量计价表格的应用与填制说明见第4章。

2 园林工程工程量清单计价的编制

2.1 工程量清单编制

2.1.1 一般规定

1. 工程量清单编制主体

招标工程量清单应由具有编制能力的招标人或受其委托，具有相应资质的工程造价咨询人或招标代理人编制。

2. 工程量清单编制条件及责任

招标工程量清单必须作为招标文件的组成部分，其准确性和完整性由招标人负责。

3. 工程量清单编制的作用

招标工程量清单是工程量清单计价的基础，应作为编制招标控制价、投标报价、计算工程量、工程索赔等的依据之一。

4. 工程量清单的组成

招标工程量清单应以单位（项）工程为单位编制，应由分部分项工程量清单、措施项目清单、其他项目清单、规费和税金项目清单组成。

5. 工程量清单编制依据

编制园林工程工程量清单应依据：

1）《园林绿化工程工程量计算规范》GB 50858—2013 和现行国家标准《建设工程工程量清单计价规范》GB 50500—2013。

2）国家或省级、行业建设主管部门颁发的计价依据和办法。

3）建设工程设计文件。

4）与建设工程项目有关的标准、规范、技术资料。

5）拟定的招标文件。

6）施工现场情况、工程特点及常规施工方案。

7）其他相关资料。

6. 工程量清单的编制要求

1）其他项目、规费和税金项目清单应按照现行国家标准《建设工程工程量清单计价规范》GB 50500—2013 的相关规定编制。

2）编制工程量清单出现《园林绿化工程工程量计算规范》GB 50858—2013 附录中未包括的项目，编制人应做补充，并报省级或行业工程造价管理机构备案，省级或行业工程造价管理机构应汇总报住房和城乡建设部标准定额研究所。

补充项目的编码由《园林绿化工程工程量计算规范》GB 50858—2013 的代码 05 与 B 和三位阿拉伯数字组成，并应从 05B001 起顺序编制，同一招标工程的项目不得重码。

补充的工程量清单需附有补充项目的名称、项目特征、计量单位、工程量计算规则、工作内容。不能计量的措施项目需附有补充项目的名称、工作内容及包含范围。

2.1.2　分部分项工程清单

1. 工程量清单编码

1）工程量清单应根据《园林绿化工程工程量计算规范》GB 50858—2013 附录规定的项目编码、项目名称、项目特征、计量单位和工程量计算规则进行编制。

2）工程量清单的项目编码，应采用前十二位阿拉伯数字表示，一至九位应按《园林绿化工程工程量计算规范》GB 50858—2013 附录的规定设置，十至十二位应根据拟建工程的工程量清单项目名称设置，同一招标工程的项目编码不得有重码。

各位数字的含义是：一、二位为专业工程代码（01—房屋建筑与装饰工程；02—仿古建筑工程；03—通用安装工程；04—市政工程；05—园林绿化工程；06—矿山工程；07—构筑物工程；08—城市轨道交通工程；09—爆破工程。以后进入国标的专业工程代码依此类推）；三、四位为工程分类顺序码；五、六位为分部工程顺序码；七、八、九位为分项工程项目名称顺序码；十至十二位为清单项目名称顺序码。

当同一标段（或合同段）的一份工程量清单中含有多个单位工程且工程量清单是以单位工程为编制对象时，在编制工程量清单时应特别注意对项目编码十至十二位的设置不得有重码的规定。

2. 工程量清单项目名称与项目特征

1）工程量清单的项目名称应按《园林绿化工程工程量计算规范》GB 50858—2013 附录的项目名称结合拟建工程的实际确定。

2）分部分项工程量清单项目特征应按《园林绿化工程工程量计算规范》GB 50858—2013 附录规定的项目特征，结合拟建工程项目的实际予以描述。

工程量清单的项目特征是确定一个清单项目综合单价不可缺少的重要依据，在编制工程量清单时，必须对项目特征进行准确和全面的描述。但有些项目特征用文字往往又难以准确和全面的描述清楚。因此，为达到规范、简洁、准确、全面描述项目特征的要求，在描述工程量清单项目特征时应按以下原则进行：

①项目特征描述的内容应按附录的规定，结合拟建工程的实际，能满足确定综合单价的需要。

②若采用标准图集或施工图纸能够全部或部分满足项目特征描述的要求，项目特征描述可直接采用详见××图集或××图号的方式。对不能满足项目特征描述要求的部分，仍应用文字描述。

3. 工程量计算规则与计量单位

1）工程量清单中所列工程量应按《园林绿化工程工程量计算规范》GB 50858—2013 附录中规定的工程量计算规则计算。

2）分部分项工程量清单的计量单位应按《园林绿化工程工程量计算规范》GB 50858—2013 附录中规定的计量单位确定。

4. 其他相关要求

1）现浇混凝土工程项目在"工作内容"中包括模板工程的内容，同时又在"措施项目"中单列了现浇混凝土模板工程项目。对此，由招标人根据工程实际情况选用，若招标人在措施项目清单中未编列现浇混凝土模板项目清单，即表示现浇混凝土模板项目不单列，现浇混凝土工程项目的综合单价中应包括模板工程费用。

2）对预制混凝土构件按现场制作编制项目，"工作内容"中包括模板工程，不再另列。若采用成品预制混凝土构件时，构件成品价（包括模板、钢筋、混凝土等所有费用）应计入综合单价中。

2.1.3 措施项目清单

1）措施项目清单必须根据相关工程现行国家计量规范的规定编制，应根据拟建工程的实际情况列项。

2）措施项目中列出了项目编码、项目名称、项目特征、计量单位、工程量计算规则的项目。编制工程量清单时，应按照"分部分项工程"的规定执行。

3）措施项目中仅列出项目编码、项目名称，未列出项目特征、计量单位和工程量计算规则的项目，编制工程量清单时，应按第五章"措施项目"规定的项目编码、项目名称确定。

2.1.4 其他项目清单

其他项目清单应按照暂列金额、暂估价、计日工、总承包服务费列项。

1. 暂列金额

暂列金额是招标人暂定并包括在合同价款中的一笔款项。不管采用何种合同形式，其理想的标准是，一份合同的价格就是其最终的竣工结算价格，或者至少两者应尽可能接近。我国规定对政府投资工程实行概算管理，经项目审批部门批复的设计概算是工程投资控制的刚性指标，即使商业性开发项目也有成本的预先控制问题，否则，无法相对准确地预测投资的收益和科学合理地进行投资控制。但工程建设自身的特性决定了工程的设计需要根据工程进展不断地进行优化和调整，业主需求可能会随工程建设进展而出现变化，工程建设过程还会存在一些不能预见、不能确定的因素。消化这些因素必然会影响合同价格的调整，暂列金额正是因应这类不可避免的价格调整而设立，以便达到合理确定和有效控制工程造价的目标。

2. 暂估价

暂估价是指招标阶段直至签订合同协议时，招标人在招标文件中提供的用于支付必然要发生但暂时不能确定价格的材料以及专业工程的金额。其中包括材料暂估价、工程设备暂估单价、专业工程暂估价。

为方便合同管理和计价，需要纳入工程量清单项目综合单价中的暂估价最好只是材料费，以方便投标人组价。对专业工程暂估价一般应是综合暂估价，包括除规费、税金以外的管理费、利润等。

3. 计日工

计日工是为了解决现场发生的零星工作的计价而设立的。国际上常见的标准合同条款中，大多数都设立了计日工计价机制。计日工对完成零星工作所消耗的人工工时、材料数量、施工机械台班进行计量，并按照计日工表中填报的适用项目的单价进行计价支付。计日工适用的所谓零星工作一般是指合同约定之外或者因变更而产生的、工程量清单中没有相应项目的额外工作，尤其是那些时间不允许事先商定价格的额外工作。

4. 总承包服务费

总承包服务费是为了解决招标人在法律、法规允许的条件下进行专业工程发包以及自行供应材料、工程设备，并需要总承包人对发包的专业工程提供协调和配合服务，对甲供材料、工程设备提供收、发和保管服务以及进行施工现场管理时发生并向总承包人支付的费用。招标人应预计该项费用，并按投标人的投标报价向投标人支付该项费用。

2.1.5 规费项目清单

1）规费项目清单应按照下列内容列项：

①社会保障费：包括养老保险费、失业保险费、医疗保险费、工伤保险费、生育保险费。

②住房公积金。

③工程排污费。

2）出现第1）条未列的项目，应根据省级政府或省级有关部门的规定列项。

2.1.6 税金项目清单

1）税金项目清单应包括下列内容：

①营业税。

②城市维护建设税。

③教育费附加。

④地方教育附加。

2）出现第1）条未列的项目，应根据税务部门的规定列项。

2.2 工程量清单计价编制

2.2.1 一般规定

1. 计价方式

1）使用国有资金投资的建设工程发承包，必须采用工程量清单计价。

2）非国有资金投资的建设工程，宜采用工程量清单计价。

3）不采用工程量清单计价的建设工程，应执行《建设工程工程量清单计价规范》GB 50500—2013除工程量清单等专门性规定外的其他规定。

4）工程量清单应采用综合单价计价。

5）措施项目中的安全文明施工费必须按国家或省级、行业建设主管部门的规定计算。不得作为竞争性费用。

6）规费和税金必须按国家或省级、行业建设主管部门的规定计算。不得作为竞争性费用。

2. 发包人提供材料和工程设备

1）发包人提供的材料和工程设备（以下简称甲供材料）应在招标文件中按照规定填

写《发包人提供材料和工程设备一览表》，写明甲供材料的名称、规格、数量、单价、交货方式、交货地点等。

承包人投标时，甲供材料单价应计入相应项目的综合单价中，签约后，发包人应按合同约定扣除甲供材料款，不予支付。

2）承包人应根据合同工程进度计划的安排，向发包人提交甲供材料交货的日期计划。发包人应按计划提供。

3）发包人提供的甲供材料如规格、数量或质量不符合合同要求，或由于发包人原因发生交货日期延误、交货地点及交货方式变更等情况的，发包人应承担由此增加的费用和（或）工期延误，并应向承包人支付合理利润。

4）发承包双方对甲供材料的数量发生争议不能达成一致的，应按照相关工程的计价定额同类项目规定的材料消耗量计算。

5）若发包人要求承包人采购已在招标文件中确定为甲供材料的，材料价格应由发承包双方根据市场调查确定，并应另行签订补充协议。

3. 承包人提供材料和工程设备

1）除合同约定的发包人提供的甲供材料外，合同工程所需的材料和工程设备应由承包人提供，承包人提供的材料和工程设备均应由承包人负责采购、运输和保管。

2）承包人应按合同约定将采购材料和工程设备的供货人及品种、规格、数量和供货时间等提交发包人确认，并负责提供材料和工程设备的质量证明文件，满足合同约定的质量标准。

3）对承包人提供的材料和工程设备经检测不符合合同约定的质量标准，发包人应立即要求承包人更换，由此增加的费用和（或）工期延误应由承包人承担。对发包人要求检测承包人已具有合格证明的材料、工程设备，但经检测证明该项材料、工程设备符合合同约定的质量标准，发包人应承担由此增加的费用和（或）工期延误，并向承包人支付合理利润。

4. 计价风险

1）建设工程发承包，必须在招标文件、合同中明确计价中的风险内容及其范围。不得采用无限风险、所有风险或类似语句规定计价中的风险内容及范围。

2）由于下列因素出现，影响合同价款调整的，应由发包人承担：

①国家法律、法规、规章和政策发生变化。

②省级或行业建设主管部门发布的人工费调整，但承包人对人工费或人工单价的报价高于发布的除外。

③由政府定价或政府指导价管理的原材料等价格进行了调整。

3）由于市场物价波动影响合同价款的，应由发承包双方合理分摊，按规定填写《承包人提供主要材料和工程设备一览表》作为合同附件；当合同中没有约定，发承包双方发生争议时，应按本章"2.2.6　合同价款调整"第8条"物价变化"的规定调整合同价款。

4）由于承包人使用机械设备、施工技术以及组织管理水平等自身原因造成施工费用增加的，应由承包人全部承担。

5）当不可抗力发生，影响合同价款时，应按"2.2.6　合同价款调整"第10条"不可抗力"的规定执行。

2.2.2　招标控制价

1.　一般规定

1）国有资金投资的建设工程招标，招标人必须编制招标控制价。

我国对国有资金投资项目的投资控制实行的是投资概算审批制度，国有资金投资的工程原则上不能超过批准的投资概算。

国有资金投资的工程实行工程量清单招标，为了客观、合理地评审投标报价和避免哄抬标价，避免造成国有资产流失，招标人必须编制招标控制价，规定最高投标限价。

2）招标控制价应由具有编制能力的招标人或受其委托具有相应资质的工程造价咨询人编制和复核。

3）工程造价咨询人接受招标人委托编制招标控制价，不得再就同一工程接受投标人委托编制投标报价。

4）招标控制价应按照下述第2条"编制与复核"中1）的规定编制，不应上调或下浮。

5）当招标控制价超过批准的概算时，招标人应将其报原概算审批部门审核。

6）招标人应在发布招标文件时公布招标控制价，同时应将招标控制价及有关资料报送工程所在地或有该工程管辖权的行业管理部门工程造价管理机构备查。

招标控制价的作用决定了招标控制价不同于标底，无须保密。为体现招标的公平、公正性，防止招标人有意抬高或压低工程造价，招标人应在招标文件中如实公布招标控制价，同时，招标人应将招标控制价报工程所在地或有该工程管辖权的行业管理部门的工程造价管理机构备查。

2.　编制与复核

1）招标控制价应根据下列依据编制与复核：

①《建设工程工程量清单计价规范》GB 50500—2013。

②国家或省级、行业建设主管部门颁发的计价定额和计价办法。

③建设工程设计文件及相关资料。

④拟定的招标文件及招标工程量清单。

⑤与建设项目相关的标准、规范、技术资料。

⑥施工现场情况、工程特点及常规施工方案。

⑦工程造价管理机构发布的工程造价信息，当工程造价信息没有发布时，参照市场价。

⑧其他的相关资料。

2）综合单价中应包括招标文件中划分的应由投标人承担的风险范围及其费用。招标文件中没有明确的，如是工程造价咨询人编制，应提请招标人明确；如是招标人编制，应予明确。

3）分部分项工程和措施项目中的单价项目，应根据拟定的招标文件和招标工程量清单项目中的特征描述及有关要求确定综合单价计算。

4）措施项目中的总价项目应根据拟定的招标文件和常规施工方案按"2.2.1　一般规定"中4）和5）的规定计价。

5）其他项目应按下列规定计价：

①暂列金额应按招标工程量清单中列出的金额填写。

②暂估价中的材料、工程设备单价应按招标工程量清单中列出的单价计入综合单价。

③暂估价中的专业工程金额应按招标工程量清单中列出的金额填写。

④计日工应按招标工程量清单中列出的项目根据工程特点和有关计价依据确定综合单价计算。

⑤总承包服务费应根据招标工程量清单列出的内容和要求估算。

6）规费和税金应按"2.2.1　一般规定"中6）的规定计算。

3.　投诉与处理

1）投标人经复核认为招标人公布的招标控制价未按照《建设工程工程量清单计价规范》GB 50500—2013 的规定进行编制的，应在招标控制价公布后 5 天内向招投标监督机构和工程造价管理机构投诉。

2）投诉人投诉时，应当提交由单位盖章和法定代表人或其委托人签名或盖章的书面投诉书，投诉书应包括下列内容：

①投诉人与被投诉人的名称、地址及有效联系方式。

②投诉的招标工程名称、具体事项及理由。

③投诉依据及相关证明材料。

④相关的请求及主张。

3）投诉人不得进行虚假、恶意投诉，阻碍投标活动的正常进行。

4）工程造价管理机构在接到投诉书后应在 2 个工作日内进行审查，对有下列情况之一的，不予受理：

①投诉人不是所投诉招标工程招标文件的收受人。

②投诉书提交的时间不符合上述 1）规定的。

③投诉书不符合上述 2）条规定的。

④投诉事项已进入行政复议或行政诉讼程序的。

5）工程造价管理机构应在不迟于结束审查的次日将是否受理投诉的决定书面通知投诉人、被投诉人以及负责该工程招投标监督的招投标管理机构。

6）工程造价管理机构受理投诉后，应立即对招标控制价进行复查，组织投诉人、被投诉人或其委托的招标控制价编制人等单位人员对投诉问题逐一核对。有关当事人应当予以配合，并应保证所提供资料的真实性。

7）工程造价管理机构应当在受理投诉的 10 天内完成复查，特殊情况下可适当延长，并做出书面结论通知投诉人、被投诉人及负责该工程招投标监督的招投标管理机构。

8）当招标控制价复查结论与原公布的招标控制价误差大于±3％时，应当责成招标人改正。

9）招标人根据招标控制价复查结论需要重新公布招标控制价的，其最终公布的时间至招标文件要求提交投标文件截止时间不足 15 天的，应相应延长投标文件的截止时间。

2.2.3 投标报价

1. 一般规定

1）投标价应由投标人或受其委托具有相应资质的工程造价咨询人编制。

2）投标人应依据《建设工程工程量清单计价规范》GB 50500—2013 的规定自主确定投标报价。

3）投标报价不得低于工程成本。

4）投标人必须按招标工程量清单填报价格。项目编码、项目名称、项目特征、计量单位、工程量必须与招标工程量清单一致。

5）投标人的投标报价高于招标控制价的应予废标。

2. 编制与复核

1）投标报价应根据下列依据编制和复核：

①《建设工程工程量清单计价规范》GB 50500—2013。

②国家或省级、行业建设主管部门颁发的计价办法。

③企业定额，国家或省级、行业建设主管部门颁发的计价定额和计价办法。

④招标文件、招标工程量清单及其补充通知、答疑纪要。

⑤建设工程设计文件及相关资料。

⑥施工现场情况、工程特点及投标时拟定的施工组织设计或施工方案。

⑦与建设项目相关的标准、规范等技术资料。

⑧市场价格信息或工程造价管理机构发布的工程造价信息。

⑨其他的相关资料。

2）综合单价中应包括招标文件中划分的应由投标人承担的风险范围及其费用，招标文件中没有明确的，应提请招标人明确。

3）分部分项工程和措施项目中的单价项目，应根据招标文件和招标工程量清单项目中的特征描述确定综合单价计算。

4）措施项目中的总价项目金额应根据招标文件和投标时拟定的施工组织设计或施工方案按"2.2.1 一般规定"中4）的规定自主确定。其中安全文明施工费应按照"2.2.1 一般规定"中5）的规定确定。

5）其他项目费应按下列规定报价：

①暂列金额应按招标工程量清单中列出的金额填写。

②材料、工程设备暂估价应按招标工程量清单中列出的单价计入综合单价。

③专业工程暂估价应按招标工程量清单中列出的金额填写。

④计日工应按招标工程量清单中列出的项目和数量，自主确定综合单价并计算计日工金额。

⑤总承包服务费应根据招标工程量清单中列出的内容和提出的要求自主确定。

6）规费和税金应按"2.2.1 一般规定"中6）的规定确定。

7）招标工程量清单与计价表中列明的所有需要填写单价和合价的项目，投标人均应填写且只允许有一个报价。未填写单价和合价的项目，可视为此项费用已包含在已标价工程量清单中其他项目的单价和合价之中。当竣工结算时，此项目不得重新组价予以调整。

8）投标总价应当与分部分项工程费、措施项目费、其他项目费和规费、税金的合计金额一致。

2.2.4　合同价款约定

1. 一般规定

1）实行招标的工程合同价款应在中标通知书发出之日起 30 天内，由发承包双方依据招标文件和中标人的投标文件在书面合同中约定。

合同约定不得违背招标、投标文件中关于工期、造价、质量等方面的实质性内容。招标文件与中标人投标文件不一致的地方，应以投标文件为准。

2）不实行招标的工程合同价款，应在发承包双方认可的工程价款基础上，由发承包双方在合同中约定。

3）实行工程量清单计价的工程，应采用单价合同；建设规模较小，技术难度较低，工期较短，且施工图设计已审查批准的建设工程可采用总价合同；紧急抢险、救灾以及施工技术特别复杂的建设工程可采用成本加酬金合同。

2. 约定内容

1）发承包双方应在合同条款中对下列事项进行约定：

①预付工程款的数额、支付时间及抵扣方式。

②安全文明施工措施的支付计划，使用要求等。

③工程计量与支付工程进度款的方式、数额及时间。

④工程价款的调整因素、方法、程序、支付及时间。

⑤施工索赔与现场签证的程序、金额确认与支付时间。

⑥承担计价风险的内容、范围以及超出约定内容、范围的调整办法。

⑦工程竣工价款结算编制与核对、支付及时间。

⑧工程质量保证金的数额、预留方式及时间。

⑨违约责任以及发生合同价款争议的解决方法及时间。

⑩与履行合同、支付价款有关的其他事项等。

2）合同中没有按照上述 1）的要求约定或约定不明的，若发承包双方在合同履行中发生争议由双方协商确定；当协商不能达成一致时，应按《建设工程工程量清单计价规范》GB 50500—2013 的规定执行。

2.2.5　工程计量

1. 一般规定

1）工程量必须按照相关工程现行国家计量规范规定的工程量计算规则计算。

2）工程计量可选择按月或按工程形象进度分段计量，具体计量周期应在合同中约定。

3）因承包人原因造成的超出合同工程范围施工或返工的工程量，发包人不予计量。

4）成本加酬金合同应按下述第 2 条"单价合同的计量"的规定计量。

2. 单价合同的计量

1）工程量必须以承包人完成合同工程应予计量的工程量确定。

2）施工中进行工程计量，当发现招标工程量清单中出现缺项、工程量偏差，或因工程变更引起工程量增减时，应按承包人在履行合同义务中完成的工程量计算。

3）承包人应当按照合同约定的计量周期和时间向发包人提交当期已完工程量报告。发包人应在收到报告后 7 天内核实，并将核实计量结果通知承包人。发包人未在约定时间内进行核实的，承包人提交的计量报告中所列的工程量应视为承包人实际完成的工程量。

4）发包人认为需要进行现场计量核实时，应在计量前 24h 通知承包人，承包人应为计量提供便利条件并派人参加。当双方均同意核实结果时，双方应在上述记录上签字确认。承包人收到通知后不派人参加计量，视为认可发包人的计量核实结果。发包人不按照约定时间通知承包人，致使承包人未能派人参加计量，计量核实结果无效。

5）当承包人认为发包人核实后的计量结果有误时，应在收到计量结果通知后的 7 天内向发包人提出书面意见，并应附上其认为正确的计量结果和详细的计算资料。发包人收到书面意见后，应在 7 天内对承包人的计量结果进行复核后通知承包人。承包人对复核计量结果仍有异议的，按照合同约定的争议解决办法处理。

6）承包人完成已标价工程量清单中每个项目的工程量并经发包人核实无误后，发承包双方应对每个项目的历次计量报表进行汇总，以核实最终结算工程量，并应在汇总表上签字确认。

3. 总价合同的计量

1）采用工程量清单方式招标形成的总价合同，其工程量应按照上述第 2 条"单价合同的计量"的规定计算。

2）采用经审定批准的施工图纸及其预算方式发包形成的总价合同，除按照工程变更规定的工程量增减外，总价合同各项目的工程量应为承包人用于结算的最终工程量。

3）总价合同约定的项目计量应以合同工程经审定批准的施工图纸为依据，发承包双方应在合同中约定工程计量的形象目标或时间节点进行计量。

4）承包人应在合同约定的每个计量周期内对已完成的工程进行计量，并向发包人提交达到工程形象目标完成的工程量和有关计量资料的报告。

5）发包人应在收到报告后 7 天内对承包人提交的上述资料进行复核，以确定实际完成的工程量和工程形象目标。对其有异议的，应通知承包人进行共同复核。

2.2.6　合同价款调整

1. 一般规定

1）下列事项（但不限于）发生，发承包双方应当按照合同约定调整合同价款：

①法律法规变化。

②工程变更。

③项目特征不符。

④工程量清单缺项。

⑤工程量偏差。

⑥计日工。

⑦物价变化。

⑧暂估价。

⑨不可抗力。

⑩提前竣工（赶工补偿）。

⑪误期赔偿。

⑫索赔。

⑬现场签证。

⑭暂列金额。

⑮发承包双方约定的其他调整事项。

2）出现合同价款调增事项（不含工程量偏差、计日工、现场签证、索赔）后的14天内，承包人应向发包人提交合同价款调增报告并附上相关资料；承包人在14天内未提交合同价款调增报告的，应视为承包人对该事项不存在调整价款请求。

3）出现合同价款调减事项（不含工程量偏差、索赔）后的14天内，发包人应向承包人提交合同价款调减报告并附相关资料；发包人在14天内未提交合同价款调减报告的，应视为发包人对该事项不存在调整价款请求。

4）发（承）包人应在收到承（发）包人合同价款调增（减）报告及相关资料之日起14天内对其核实，予以确认的应书面通知承（发）包人。当有疑问时，应向承（发）包人提出协商意见。发（承）包人在收到合同价款调增（减）报告之日起14天内未确认也未提出协商意见的，应视为承（发）包人提交的合同价款调增（减）报告已被发（承）包人认可。发（承）包人提出协商意见的，承（发）包人应在收到协商意见后的14天内对其核实，予以确认的应书面通知发（承）包人。承（发）包人在收到发（承）包人的协商意见后14天内既不确认也未提出不同意见的，应视为发（承）包人提出的意见已被承（发）包人认可。

5）发包人与承包人对合同价款调整的不同意见不能达成一致的，只要对发承包双方履约不产生实质影响，双方应继续履行合同义务，直到其按照合同约定的争议解决方式得到处理。

6）经发承包双方确认调整的合同价款，作为追加（减）合同价款，应与工程进度款或结算款同期支付。

2. 法律法规变化

1）招标工程以投标截止日前28天、非招标工程以合同签订前28天为基准日，其后因国家的法律、法规、规章和政策发生变化引起工程造价增减变化的，发承包双方应按照省级或行业建设主管部门或其授权的工程造价管理机构据此发布的规定调整合同价款。

2）因承包人原因导致工期延误的，按上述1）规定的调整时间，在合同工程原定竣工时间之后，合同价款调增的不予调整，合同价款调减的予以调整。

3. 工程变更

1）因工程变更引起已标价工程量清单项目或其工程数量发生变化时，应按照下列规定调整：

①已标价工程量清单中有适用于变更工程项目的，应采用该项目的单价；但当工程变更导致该清单项目的工程数量发生变化，且工程量偏差超过15%时，该项目单价应按照下述第6条"工程量偏差"中2）的规定调整。

②已标价工程量清单中没有适用但有类似于变更工程项目的，可在合理范围内参照类似项目的单价。

③已标价工程量清单中没有适用也没有类似于变更工程项目的，应由承包人根据变更工程资料、计量规则和计价办法、工程造价管理机构发布的信息价格和承包人报价浮动率提出变更工程项目的单价，并应报发包人确认后调整。承包人报价浮动率可按下列公式计算：

招标工程：

$$承包人报价浮动率 L＝（1－中标价/招标控制价）×100\% \tag{2-1}$$

非招标工程：

$$承包人报价浮动率 L＝（1－报价/施工图预算）×100\% \tag{2-2}$$

④已标价工程量清单中没有适用也没有类似于变更工程项目，且工程造价管理机构发布的信息价格缺价的，应由承包人根据变更工程资料、计量规则、计价办法和通过市场调查等取得有合法依据的市场价格提出变更工程项目的单价，并应报发包人确认后调整。

2）工程变更引起施工方案改变并使措施项目发生变化时，承包人提出调整措施项目费的，应事先将拟实施的方案提交发包人确认，并应详细说明与原方案措施项目相比的变化情况。拟实施的方案经发承包双方确认后执行，并应按照下列规定调整措施项目费：

①安全文明施工费应按照实际发生变化的措施项目依据"2.2.1 一般规定"中5）的规定计算。

②采用单价计算的措施项目费，应按照实际发生变化的措施项目，按上述1）的规定确定单价。

③按总价（或系数）计算的措施项目费，按照实际发生变化的措施项目调整，但应考虑承包人报价浮动因素，即调整金额按照实际调整金额乘以上述1）规定的承包人报价浮动率计算。

如果承包人未事先将拟实施的方案提交给发包人确认，则应视为工程变更不引起措施项目费的调整或承包人放弃调整措施项目费的权利。

3）当发包人提出的工程变更因非承包人原因删减了合同中的某项原定工作或工程，致使承包人发生的费用或（和）得到的收益不能被包括在其他已支付或应支付的项目中，也未被包含在任何替代的工作或工程中时，承包人有权提出并应得到合理的费用及利润补偿。

4. 项目特征不符

1）发包人在招标工程量清单中对项目特征的描述，应被认为是准确的和全面的，并且与实际施工要求相符合。承包人应按照发包人提供的招标工程量清单，根据项目特征描述的内容及有关要求实施合同工程，直到项目被改变为止。

2）承包人应按照发包人提供的设计图纸实施合同工程，若在合同履行期间出现设计图纸（含设计变更）与招标工程量清单任一项目的特征描述不符，且该变化引起该项目工程造价增减变化的，应按照实际施工的项目特征，按"2.2.6 合同价款调整"第3条"工程变更"的相关条款的规定重新确定相应工程量清单项目的综合单价，并调整合同价款。

5. 工程量清单缺项

1）合同履行期间，由于招标工程量清单中缺项，新增分部分项工程清单项目的，应按照"2.2.6 合同价款调整"第3条"工程变更"中1）的规定确定单价，并调整合同价款。

2）新增分部分项工程清单项目后，引起措施项目发生变化的，应按照"2.2.6 合同价款调整"第3条"工程变更"中2）的规定，在承包人提交的实施方案被发包人批准后调整合同价款。

3）由于招标工程量清单中措施项目缺项，承包人应将新增措施项目实施方案提交发包人批准后，按照"2.2.6 合同价款调整"第3条"工程变更"中1）、2）的规定调整合同价款。

6. 工程量偏差

1）合同履行期间，当应予计算的实际工程量与招标工程量清单出现偏差，且符合下列2）、3）规定时，发承包双方应调整合同价款。

2）对于任一招标工程量清单项目，当因规定的"工程量偏差"和"2.2.6 合同价款调整"第3条"工程变更"规定的工程变更等原因导致工程量偏差超过15%时，可进行调整。当工程量增加15%以上时，增加部分的工程量的综合单价应予调低；当工程量减少15%以上时，减少后剩余部分的工程量的综合单价应予调高。

上述调整参考如下公式：

①当 $Q_1 > 1.15Q_0$ 时：

$$S = 1.15Q_0 \times P_0 + (Q_1 \sim 1.15Q_0) \times P_1 \qquad (2\text{-}3)$$

②当 $Q_1 < 0.85Q_0$ 时：

$$S = Q_1 \times P_1 \qquad (2\text{-}4)$$

式中　S——调整后的某一分部分项工程费结算价；

　　　Q_1——最终完成的工程量；

　　　Q_0——招标工程量清单中列出的工程量；

　　　P_1——按照最终完成工程量重新调整后的综合单价；

　　　P_0——承包人在工程量清单中填报的综合单价。

采用上述两式的关键是确定新的综合单价，即 P_1。确定的方法，一是发承包双方协商确定，二是与招标控制价相联系，当工程量偏差项目出现承包人在工程量清单中填报的综合单价与发包人招标控制价相应清单项目的综合单价偏差超过15%时，工程量偏差项目综合单价的调整可参考以下公式：

③当 $P_0 < P_2 \times (1-L) \times (1-15\%)$ 时，该类项目的综合单价：

$$P_1 \text{按照} P_2 \times (1-L) \times (1-15\%) \text{调整} \qquad (2\text{-}5)$$

④当 $P_0 > P_2 \times (1+15\%)$ 时，该类项目的综合单价：

$$P_1 \text{按照} P_2 \times (1+15\%) \text{调整} \qquad (2\text{-}6)$$

式中　P_0——承包人在工程量清单中填报的综合单价；

　　　P_2——发包人招标控制价相应项目的综合单价；

　　　L——承包人报价浮动率。

⑤当 $P_0 > P_2 \times (1-L) \times (1-15\%)$ 或 $P_0 < P_2 \times (1+15\%)$ 时，可不调整。

3）当工程量出现上述2）的变化，且该变化引起相关措施项目相应发生变化时，按系数或单一总价方式计价的，工程量增加的措施项目费调增，工程量减少的措施项目费调减。

7. 计日工

1）发包人通知承包人以计日工方式实施的零星工作，承包人应予执行。

2）采用计日工计价的任何一项变更工作，在该项变更的实施过程中，承包人应按合同约定提交下列报表和有关凭证送发包人复核：

①工作名称、内容和数量。

②投入该工作所有人员的姓名、工种、级别和耗用工时。

③投入该工作的材料名称、类别和数量。

④投入该工作的施工设备型号、台数和耗用台时。

⑤发包人要求提交的其他资料和凭证。

3）任一计日工项目持续进行时，承包人应在该项工作实施结束后的 24h 内向发包人提交有计日工记录汇总的现场签证报告一式三份。发包人在收到承包人提交现场签证报告后的 2 天内予以确认并将其中一份返还给承包人，作为计日工计价和支付的依据。发包人逾期未确认也未提出修改意见的，应视为承包人提交的现场签证报告已被发包人认可。

4）任一计日工项目实施结束后，承包人应按照确认的计日工现场签证报告核实该类项目的工程数量，并应根据核实的工程数量和承包人已标价工程量清单中的计日工单价计算，提出应付价款；已标价工程量清单中没有该类计日工单价的，由发承包双方按"2.2.6　合同价款调整"第 3 条"工程变更"的规定商定计日工单价计算。

5）每个支付期末，承包人应按照"2.2.7　合同价款期中支付"第 3 条"进度款"的规定向发包人提交本期间所有计日工记录的签证汇总表，并应说明本期间自己认为有权得到的计日工金额，调整合同价款，列入进度款支付。

8. 物价变化

1）合同履行期间，因人工、材料、工程设备、机械台班价格波动影响合同价款时，应根据合同约定，按物价变化合同价款调整方法调整合同价款。物价变化合同价款调整方法主要有以下两种：

①价格指数调整价格差额。

a. 价格调整公式。因人工、材料和工程设备、施工机械台班等价格波动影响合同价格时，根据招标人提供的《承包人提供主要材料和工程设备一览表（适用于价格指数差额调整法）》，并由投标人在投标函附录中的价格指数和权重表约定的数据，应按下式计算差额并调整合同价款：

$$\Delta P = P_0\left[A + \left(B_1 \times \frac{F_{t1}}{F_{01}} + B_2 \times \frac{F_{t2}}{F_{02}} + B_3 \times \frac{F_{t3}}{F_{03}} + \cdots + B_n \times \frac{F_{tn}}{F_{0n}}\right) - 1\right] \quad (2\text{-}7)$$

式中　　　　ΔP——需调整的价格差额；

$\quad\quad\quad\quad P_0$——约定的付款证书中承包人应得到的已完成工程量的金额。此项金额应不包括价格调整、不计质量保证金的扣留和支付、预付款的支付和扣回。约定的变更及其他金额已按现行价格计价的，也不计在内；

$\quad\quad\quad\quad A$——定值权重（即不调部分的权重）；

B_1、B_2、$B_3\cdots B_n$——各可调因子的变值权重（即可调部分的权重），为各可调因子在投标函投标总报价中所占的比例；

F_{t1}、F_{t2}、F_{t3}…F_{tn}——各可调因子的现行价格指数，指约定的付款证书相关周期最后一天的前 42 天的各可调因子的价格指数；

F_{01}、F_{02}、F_{03}…F_{0n}——各可调因子的基本价格指数，指基准日期的各可调因子的价格指数。

以上价格调整公式中的各可调因子、定值和变值权重，以及基本价格指数及其来源在投标函附录价格指数和权重表中约定。价格指数应首先采用工程造价管理机构提供的价格指数，缺乏上述价格指数时，可采用工程造价管理机构提供的价格代替。

b. 暂时确定调整差额。在计算调整差额时得不到现行价格指数的，可暂用上一次价格指数计算，并在以后的付款中再按实际价格指数进行调整。

c. 权重的调整。约定的变更导致原定合同中的权重不合理时，由承包人和发包人协商后进行调整。

d. 承包人工期延误后的价格调整。由于承包人原因未在约定的工期内竣工的，对原约定竣工日期后继续施工的工程，在使用上述 a 的价格调整公式时，应采用原约定竣工日期与实际竣工日期的两个价格指数中较低的一个作为现行价格指数。

e. 若可调因子包括了人工在内，则不适用"2.2.1　一般规定"第 4 条"计价风险"中 2）的规定。

②造价信息调整价格差额。

a. 施工期内，因人工、材料和工程设备、施工机械台班价格波动影响合同价格时，人工、机械使用费按照国家或省、自治区、直辖市建设行政管理部门、行业建设管理部门或其授权的工程造价管理机构发布的人工成本信息、机械台班单价或机械使用费系数进行调整；需要进行价格调整的材料，其单价和采购数应由发包人复核，发包人确认需调整的材料单价及数量，作为调整合同价款差额的依据。

b. 人工单价发生变化且符合"2.2.1　一般规定"第 4 条"计价风险"中 2）的规定的条件时，发承包双方应按省级或行业建设主管部门或其授权的工程造价管理机构发布的人工成本文件调整合同价款。

c. 材料、工程设备价格变化按照发包人提供的《承包人提供主要材料和工程设备一览表（适用于造价信息差额调整法）》，由发承包双方约定的风险范围按下列规定调整合同价款：

（a）承包人投标报价中材料单价低于基准单价：施工期间材料单价涨幅以基准单价为基础超过合同约定的风险幅度值，或材料单价跌幅以投标报价为基础超过合同约定的风险幅度值时，其超过部分按实调整。

（b）承包人投标报价中材料单价高于基准单价：施工期间材料单价跌幅以基准单价为基础超过合同约定的风险幅度值，或材料单价涨幅以投标报价为基础超过合同约定的风险幅度值时，其超过部分按实调整。

（c）承包人投标报价中材料单价等于基准单价：施工期间材料单价涨、跌幅以基准单价为基础超过合同约定的风险幅度值时，其超过部分按实调整。

（d）承包人应在采购材料前将采购数量和新的材料单价报送发包人核对，确认用于本合同工程时，发包人应确认采购的数量和单价。发包人在收到承包人报送的确认资料后 3 个工作日不予答复的视为已经认可，作为调整合同价款的依据。如果承包人未报经发包人核对即自行采购材料，再报发包人确认调整合同价款的，如发包人不同意，则不作调整。

　　d. 施工机械台班单价或施工机械使用费发生变化超过省级或行业建设主管部门或其授权的工程造价管理机构规定的范围时，按其规定调整合同价款。

　　2）承包人采购材料和工程设备的，应在合同中约定主要材料、工程设备价格变化的范围或幅度；当没有约定，且材料、工程设备单价变化超过 5％时，超过部分的价格应按照以上两种物价变化合同价款调整方法计算调整材料、工程设备费。

　　3）发生合同工程工期延误的，应按照下列规定确定合同履行期的价格调整：

　　①因非承包人原因导致工期延误的，计划进度日期后续工程的价格，应采用计划进度日期与实际进度日期两者的较高者。

　　②因承包人原因导致工期延误的，计划进度日期后续工程的价格，应采用计划进度日期与实际进度日期两者的较低者。

　　4）发包人供应材料和工程设备的，不适用上述 1）、2）规定，应由发包人按照实际变化调整，列入合同工程的工程造价内。

9. 暂估价

　　1）发包人在招标工程量清单中给定暂估价的材料、工程设备属于依法必须招标的，应由发承包双方以招标的方式选择供应商，确定价格，并应以此为依据取代暂估价，调整合同价款。

　　2）发包人在招标工程量清单中给定暂估价的材料、工程设备不属于依法必须招标的，应由承包人按照合同约定采购，经发包人确认单价后取代暂估价，调整合同价款。

　　3）发包人在工程量清单中给定暂估价的专业工程不属于依法必须招标的，应按照上述第 3 条"工程变更"相应条款的规定确定专业工程价款，并应以此为依据取代专业工程暂估价，调整合同价款。

　　4）发包人在招标工程量清单中给定暂估价的专业工程，依法必须招标的，应当由发承包双方依法组织招标选择专业分包人，并接受有管辖权的建设工程招标投标管理机构的监督，还应符合下列要求：

　　①除合同另有约定外，承包人不参加投标的专业工程发包招标，应由承包人作为招标人，但拟定的招标文件、评标工作、评标结果应报送发包人批准。与组织招标工作有关的费用应当被认为已经包括在承包人的签约合同价（投标总报价）中。

　　②承包人参加投标的专业工程发包招标，应由发包人作为招标人，与组织招标工作有关的费用由发包人承担。同等条件下，应优先选择承包人中标。

　　③应以专业工程发包中标价为依据取代专业工程暂估价，调整合同价款。

10. 不可抗力

　　1）因不可抗力事件导致的人员伤亡、财产损失及其费用增加，发承包双方应按下列原则分别承担并调整合同价款和工期：

　　①合同工程本身的损害、因工程损害导致第三方人员伤亡和财产损失以及运至施工场地用于施工的材料和待安装的设备的损害，应由发包人承担。

　　②发包人、承包人人员伤亡应由其所在单位负责，并应承担相应费用。

③承包人的施工机械设备损坏及停工损失，应由承包人承担。

④停工期间，承包人应发包人要求留在施工场地的必要的管理人员及保卫人员的费用应由发包人承担。

⑤工程所需清理、修复费用，应由发包人承担。

2）不可抗力解除后复工的，若不能按期竣工，应合理延长工期。发包人要求赶工的，赶工费用由发包人承担。

3）因不可抗力解除合同的，应按"2.2.9　合同解除的价款结算与支付"中2）的规定办理。

11. 提前竣工（赶工补偿）

1）招标人应依据相关工程的工期定额合理计算工期，压缩的工期天数不得超过定额工期的20%，超过者，应在招标文件中明示增加赶工费用。

2）发包人要求合同工程提前竣工的，应征得承包人同意后与承包人商定采取加快工程进度的措施，并应修订合同工程进度计划。发包人应承担承包人由此增加的提前竣工（赶工补偿）费用。

3）发承包双方应在合同中约定提前竣工每日历天应补偿额度，此项费用应作为增加合同价款列入竣工结算文件中，应与结算款一并支付。

12. 误期赔偿

1）承包人未按照合同约定施工，导致实际进度迟于计划进度的，承包人应加快进度，实现合同工期。

合同工程发生误期，承包人应赔偿发包人由此造成的损失，并应按照合同约定向发包人支付误期赔偿费。即使承包人支付误期赔偿费，也不能免除承包人按照合同约定应承担的任何责任和应履行的任何义务。

2）发承包双方应在合同中约定误期赔偿费，并应明确每日历天应赔额度。误期赔偿费应列入竣工结算文件中，并应在结算款中扣除。

3）在工程竣工之前，合同工程内的某单项（位）工程已通过了竣工验收，且该单项（位）工程接收证书中表明的竣工日期并未延误，而是合同工程的其他部分产生了工期延误时，误期赔偿费应按照已颁发工程接收证书的单项（位）工程造价占合同价款的比例幅度予以扣减。

13. 索赔

1）当合同一方向另一方提出索赔时，应有正当的索赔理由和有效证据，并应符合合同的相关约定。

2）根据合同约定，承包人认为非承包人原因发生的事件造成了承包人的损失，应按下列程序向发包人提出索赔：

①承包人应在知道或应当知道索赔事件发生后28天内，向发包人提交索赔意向通知书，说明发生索赔事件的事由。承包人逾期未发出索赔意向通知书的，丧失索赔的权利。

②承包人应在发出索赔意向通知书后28天内，向发包人正式提交索赔通知书。索赔通知书应详细说明索赔理由和要求，并应附必要的记录和证明材料。

③索赔事件具有连续影响的，承包人应继续提交延续索赔通知，说明连续影响的实际情况和记录。

④在索赔事件影响结束后的 28 天内，承包人应向发包人提交最终索赔通知书，说明最终索赔要求，并应附必要的记录和证明材料。

3）承包人索赔应按下列程序处理：

①发包人收到承包人的索赔通知书后，应及时查验承包人的记录和证明材料。

②发包人应在收到索赔通知书或有关索赔的进一步证明材料后的 28 天内，将索赔处理结果答复承包人，如果发包人逾期未做出答复，视为承包人索赔要求已被发包人认可。

③承包人接受索赔处理结果的，索赔款项应作为增加合同价款，在当期进度款中进行支付；承包人不接受索赔处理结果的，应按合同约定的争议解决方式办理。

4）承包人要求赔偿时，可以选择下列一项或几项方式获得赔偿：

①延长工期。

②要求发包人支付实际发生的额外费用。

③要求发包人支付合理的预期利润。

④要求发包人按合同的约定支付违约金。

5）当承包人的费用索赔与工期索赔要求相关联时，发包人在做出费用索赔的批准决定时，应结合工程延期，综合做出费用赔偿和工程延期的决定。

6）发承包双方在按合同约定办理了竣工结算后，应被认为承包人已无权再提出竣工结算前所发生的任何索赔。承包人在提交的最终结清申请中，只限于提出竣工结算后的索赔，提出索赔的期限应自发承包双方最终结清时终止。

7）根据合同约定，发包人认为由于承包人的原因造成发包人的损失，宜按承包人索赔的程序进行索赔。

8）发包人要求赔偿时，可以选择下列一项或几项方式获得赔偿：

①延长质量缺陷修复期限。

②要求承包人支付实际发生的额外费用。

③要求承包人按合同的约定支付违约金。

9）承包人应付给发包人的索赔金额可从拟支付给承包人的合同价款中扣除，或由承包人以其他方式支付给发包人。

14. 现场签证

1）承包人应发包人要求完成合同以外的零星项目、非承包人责任事件等工作的，发包人应及时以书面形式向承包人发出指令，并应提供所需的相关资料；承包人在收到指令后，应及时向发包人提出现场签证要求。

2）承包人应在收到发包人指令后的 7 天内向发包人提交现场签证报告，发包人应在收到现场签证报告后的 48h 内对报告内容进行核实，予以确认或提出修改意见。发包人在收到承包人现场签证报告后的 48h 内未确认也未提出修改意见的，应视为承包人提交的现场签证报告已被发包人认可。

3）现场签证的工作如已有相应的计日工单价，现场签证中应列明完成该类项目所需的人工、材料、工程设备和施工机械台班的数量。

如现场签证的工作没有相应的计日工单价，应在现场签证报告中列明完成该签证工作所需的人工、材料设备和施工机械台班的数量及单价。

4）合同工程发生现场签证事项，未经发包人签证确认，承包人便擅自施工的，除非征得发包人书面同意，否则发生的费用应由承包人承担。

5）现场签证工作完成后的 7 天内，承包人应按照现场签证内容计算价款，报送发包人确认后，作为增加合同价款，与进度款同期支付。

6）在施工过程中，当发现合同工程内容因场地条件、地质水文、发包人要求等不一致时，承包人应提供所需的相关资料，并提交发包人签证认可，作为合同价款调整的依据。

15. 暂列金额

1）已签约合同价中的暂列金额应由发包人掌握使用。

2）发包人按照上述 1~14 项的规定支付后，暂列金额余额应归发包人所有。

2.2.7　合同价款期中支付

1. 预付款

1）承包人应将预付款专用于合同工程。

2）包工包料工程的预付款的支付比例不得低于签约合同价（扣除暂列金额）的 10%，不宜高于签约合同价（扣除暂列金额）的 30%。

3）承包人应在签订合同或向发包人提供与预付款等额的预付款保函后向发包人提交预付款支付申请。

4）发包人应在收到支付申请的 7 天内进行核实，向承包人发出预付款支付证书，并在签发支付证书后的 7 天内向承包人支付预付款。

5）发包人没有按合同约定按时支付预付款的，承包人可催告发包人支付；发包人在预付款期满后的 7 天内仍未支付的，承包人可在付款期满后的第 8 天起暂停施工。发包人应承担由此增加的费用和延误的工期，并应向承包人支付合理利润。

6）预付款应从每一个支付期应支付给承包人的工程进度款中扣回，直到扣回的金额达到合同约定的预付款金额为止。

7）承包人的预付款保函的担保金额根据预付款扣回的数额相应递减，但在预付款全部扣回之前一直保持有效。发包人应在预付款扣完后的 14 天内将预付款保函退还给承包人。

2. 安全文明施工费

1）安全文明施工费包括的内容和使用范围，应符合国家有关文件和计量规范的规定。

2）发包人应在工程开工后的 28 天内预付不低于当年施工进度计划的安全文明施工费总额的 60%，其余部分应按照提前安排的原则进行分解，并应与进度款同期支付。

3）发包人没有按时支付安全文明施工费的，承包人可催告发包人支付；发包人在付款期满后的 7 天内仍未支付的，若发生安全事故，发包人应承担相应责任。

4）承包人对安全文明施工费应专款专用，在财务账目中应单独列项备查，不得挪作他用，否则发包人有权要求其限期改正；逾期未改正的，造成的损失和延误的工期应由承包人承担。

3. 进度款

1）发承包双方应按照合同约定的时间、程序和方法，根据工程计量结果，办理期中价款结算，支付进度款。

2）进度款支付周期应与合同约定的工程计量周期一致。

3）已标价工程量清单中的单价项目，承包人应按工程计量确认的工程量与综合单价计算；综合单价发生调整的，以发承包双方确认调整的综合单价计算进度款。

4）已标价工程量清单中的总价项目和按照"2.2.5　工程计量"第3条"总价合同的计量"中2）的规定形成的总价合同，承包人应按合同中约定的进度款支付分解，分别列入进度款支付申请中的安全文明施工费和本周期应支付的总价项目的金额中。

5）发包人提供的甲供材料金额，应按照发包人签约提供的单价和数量从进度款支付中扣除，列入本周期应扣减的金额中。

6）承包人现场签证和得到发包人确认的索赔金额应列入本周期应增加的金额中。

7）进度款的支付比例按照合同约定，按期中结算价款总额计，不低于60%，不高于90%。

8）承包人应在每个计量周期到期后的7天内向发包人提交已完工程进度款支付申请一式四份，详细说明此周期认为有权得到的款额，包括分包人已完工程的价款。支付申请应包括下列内容：

①累计已完成的合同价款。

②累计已实际支付的合同价款。

③本周期合计完成的合同价款。

a. 本周期已完成单价项目的金额。

b. 本周期应支付的总价项目的金额。

c. 本周期已完成的计日工价款。

d. 本周期应支付的安全文明施工费。

e. 本周期应增加的金额。

④本周期合计应扣减的金额。

a. 本周期应扣回的预付款。

b. 本周期应扣减的金额。

⑤本周期实际应支付的合同价款。

9）发包人应在收到承包人进度款支付申请后的14天内，根据计量结果和合同约定对申请内容予以核实，确认后向承包人出具进度款支付证书。若发承包双方对部分清单项目的计量结果出现争议，发包人应对无争议部分的工程计量结果向承包人出具进度款支付证书。

10）发包人应在签发进度款支付证书后的14天内，按照支付证书列明的金额向承包人支付进度款。

11）若发包人逾期未签发进度款支付证书，则视为承包人提交的进度款支付申请已被发包人认可，承包人可向发包人发出催告付款的通知。发包人应在收到通知后的14天内，按照承包人支付申请的金额向承包人支付进度款。

12）发包人未按照9）～11）的规定支付进度款的，承包人可催告发包人支付，并有权获得延迟支付的利息；发包人在付款期满后的7天内仍未支付的，承包人可在付款期满后的第8天起暂停施工。发包人应承担由此增加的费用和延误的工期，向承包人支付合理利润，并应承担违约责任。

13）发现已签发的任何支付证书有错、漏或重复的数额，发包人有权予以修正，承包人也有权提出修正申请。经发承包双方复核同意修正的，应在本次到期的进度款中支付或扣除。

2.2.8　竣工结算与支付

1. 一般规定

1）工程完工后，发承包双方必须在合同约定时间内办理工程竣工结算。

2）工程竣工结算应由承包人或受其委托具有相应资质的工程造价咨询人编制，并应由发包人或受其委托具有相应资质的工程造价咨询人核对。

3）当发承包双方或一方对工程造价咨询人出具的竣工结算文件有异议时，可向工程造价管理机构投诉，申请对其进行执业质量鉴定。

4）工程造价管理机构对投诉的竣工结算文件进行质量鉴定，宜按"2.2.11　工程造价鉴定"的相关规定进行。

5）竣工结算办理完毕，发包人应将竣工结算文件报送工程所在地或有该工程管辖权的行业管理部门的工程造价管理机构备案，竣工结算文件应作为工程竣工验收备案、交付使用的必备文件。

2. 编制与复核

1）工程竣工结算应根据下列依据编制和复核：

①《建设工程工程量清单计价规范》GB 50500—2013。

②工程合同。

③发承包双方实施过程中已确认的工程量及其结算的合同价款。

④发承包双方实施过程中已确认调整后追加（减）的合同价款。

⑤建设工程设计文件及相关资料。

⑥投标文件。

⑦其他依据。

2）分部分项工程和措施项目中的单价项目应依据发承包双方确认的工程量与已标价工程量清单的综合单价计算；发生调整的，应以发承包双方确认调整的综合单价计算。

3）措施项目中的总价项目应依据已标价工程量清单的项目和金额计算；发生调整的，应以发承包双方确认调整的金额计算，其中安全文明施工费应按"2.2.1　一般规定"第1条"计价方式"中5）的规定计算。

4）其他项目应按下列规定计价：

①计日工应按发包人实际签证确认的事项计算。

②暂估价应按"2.2.6　合同价款调整"第9条"暂估价"的规定计算。

③总承包服务费应依据已标价工程量清单金额计算；发生调整的，应以发承包双方确认调整的金额计算。

④索赔费用应依据发承包双方确认的索赔事项和金额计算。

⑤现场签证费用应依据发承包双方签证资料确认的金额计算。

⑥暂列金额应减去合同价款调整（包括索赔、现场签证）金额计算，如有余额归发包人。

5）规费和税金应按"2.2.1一般规定"第1条"计价方式"中6）的规定计算。规费中的工程排污费应按工程所在地环境保护部门规定的标准缴纳后按实列入。

6）发承包双方在合同工程实施过程中已经确认的工程计量结果和合同价款，在竣工结算办理中应直接进入结算。

3. 竣工结算

1）合同工程完工后，承包人应在经发承包双方确认的合同工程期中价款结算的基础上汇总编制完成竣工结算文件，应在提交竣工验收申请的同时向发包人提交竣工结算文件。

承包人未在合同约定的时间内提交竣工结算文件，经发包人催告后14天内仍未提交或没有明确答复的，发包人有权根据已有资料编制竣工结算文件，作为办理竣工结算和支付结算款的依据，承包人应予以认可。

2）发包人应在收到承包人提交的竣工结算文件后的28天内核对。发包人经核实，认为承包人还应进一步补充资料和修改结算文件，应在上述时限内向承包人提出核实意见，承包人在收到核实意见后的28天内应按照发包人提出的合理要求补充资料，修改竣工结算文件，并应再次提交给发包人复核后批准。

3）发包人应在收到承包人再次提交的竣工结算文件后的28天内予以复核，将复核结果通知承包人，并应遵守下列规定：

①发包人、承包人对复核结果无异议的，应在7天内在竣工结算文件上签字确认，竣工结算办理完毕。

②发包人或承包人对复核结果认为有误的，无异议部分按照①规定办理不完全竣工结算；有异议部分由发承包双方协商解决；协商不成的，应按照合同约定的争议解决方式处理。

4）发包人在收到承包人竣工结算文件后的28天内，不核对竣工结算或未提出核对意见的，应视为承包人提交的竣工结算文件已被发包人认可，竣工结算办理完毕。

5）承包人在收到发包人提出的核实意见后的28天内，不确认也未提出异议的，应视为发包人提出的核实意见已被承包人认可，竣工结算办理完毕。

6）发包人委托工程造价咨询人核对竣工结算的，工程造价咨询人应在28天内核对完毕，核对结论与承包人竣工结算文件不一致的，应提交给承包人复核；承包人应在14天内将同意核对结论或不同意见的说明提交工程造价咨询人。工程造价咨询人收到承包人提出的异议后，应再次复核，复核无异议的，应按第3）条①的规定办理，复核后仍有异议的，按第3）条②的规定办理。

承包人逾期未提出书面异议的，应视为工程造价咨询人核对的竣工结算文件已经承包人认可。

7）对发包人或发包人委托的工程造价咨询人指派的专业人员与承包人指派的专业人员经核对后无异议并签名确认的竣工结算文件，除非发承包人能提出具体、详细的不同意见，发承包人都应在竣工结算文件上签名确认，如其中一方拒不签认的，按下列规定办理：

①若发包人拒不签认的，承包人可不提供竣工验收备案资料，并有权拒绝与发包人或其上级部门委托的工程造价咨询人重新核对竣工结算文件。

②若承包人拒不签认的，发包人要求办理竣工验收备案的，承包人不得拒绝提供竣工验收资料，否则，由此造成的损失，承包人承担相应责任。

8）合同工程竣工结算核对完成，发承包双方签字确认后，发包人不得要求承包人与另一个或多个工程造价咨询人重复核对竣工结算。

9）发包人对工程质量有异议，拒绝办理工程竣工结算的，已竣工验收或已竣工未验收但实际投入使用的工程，其质量争议应按该工程保修合同执行，竣工结算应按合同约定办理；已竣工未验收且未实际投入使用的工程以及停工、停建工程的质量争议，双方应就有争议的部分委托有资质的检测鉴定机构进行检测，并应根据检测结果确定解决方案，或按工程质量监督机构的处理决定执行后办理竣工结算，无争议部分的竣工结算应按合同约定办理。

4. 结算款支付

1）承包人应根据办理的竣工结算文件向发包人提交竣工结算款支付申请。申请应包括下列内容：

①竣工结算合同价款总额。

②累计已实际支付的合同价款。

③应预留的质量保证金。

④实际应支付的竣工结算款金额。

2）发包人应在收到承包人提交竣工结算款支付申请后7天内予以核实，向承包人签发竣工结算支付证书。

3）发包人签发竣工结算支付证书后的14天内，应按照竣工结算支付证书列明的金额向承包人支付结算款。

4）发包人在收到承包人提交的竣工结算款支付申请后7天内不予核实，不向承包人签发竣工结算支付证书的，视为承包人的竣工结算款支付申请已被发包人认可；发包人应在收到承包人提交的竣工结算款支付申请7天后的14天内，按照承包人提交的竣工结算款支付申请列明的金额向承包人支付结算款。

5）发包人未按照3）、4）规定支付竣工结算款的，承包人可催告发包人支付，并有权获得延迟支付的利息。发包人在竣工结算支付证书签发后或者在收到承包人提交的竣工结算款支付申请7天后的56天内仍未支付的，除法律另有规定外，承包人可与发包人协商将该工程折价，也可直接向人民法院申请将该工程依法拍卖。承包人应就该工程折价或拍卖的价款优先受偿。

5. 质量保证金

1）发包人应按照合同约定的质量保证金比例从结算款中预留质量保证金。

2）承包人未按照合同约定履行属于自身责任的工程缺陷修复义务的，发包人有权从质量保证金中扣除用于缺陷修复的各项支出。经查验，工程缺陷属于发包人原因造成的，应由发包人承担查验和缺陷修复的费用。

3）在合同约定的缺陷责任期终止后，发包人应按照下述第6条"最终结清"的规定，将剩余的质量保证金返还给承包人。

6. 最终结清

1）缺陷责任期终止后，承包人应按照合同约定向发包人提交最终结清支付申请。发包人对最终结清支付申请有异议的，有权要求承包人进行修正和提供补充资料。承包人修正后，应再次向发包人提交修正后的最终结清支付申请。

2）发包人应在收到最终结清支付申请后的 14 天内予以核实，并应向承包人签发最终结清支付证书。

3）发包人应在签发最终结清支付证书后的 14 天内，按照最终结清支付证书列明的金额向承包人支付最终结清款。

4）发包人未在约定的时间内核实，又未提出具体意见的，应视为承包人提交的最终结清支付申请已被发包人认可。

5）发包人未按期最终结清支付的，承包人可催告发包人支付，并有权获得延迟支付的利息。

6）最终结清时，承包人被预留的质量保证金不足以抵减发包人工程缺陷修复费用的，承包人应承担不足部分的补偿责任。

7）承包人对发包人支付的最终结清款有异议的，应按照合同约定的争议解决方式处理。

2.2.9　合同解除的价款结算与支付

1）发承包双方协商一致解除合同的，应按照达成的协议办理结算和支付合同价款。

2）由于不可抗力致使合同无法履行解除合同的，发包人应向承包人支付合同解除之日前已完成工程但尚未支付的合同价款，此外，还应支付下列金额：

①"2.2.6　合同价款调整"第 11 条"提前竣工（赶工补偿）"中 1）的规定的由发包人承担的费用。

②已实施或部分实施的措施项目应付价款。

③承包人为合同工程合理订购且已交付的材料和工程设备货款。

④承包人撤离现场所需的合理费用，包括员工遣送费和临时工程拆除、施工设备运离现场的费用。

⑤承包人为完成合同工程而预期开支的任何合理费用，且该项费用未包括在本款其他各项支付之内。

发承包双方办理结算合同价款时，应扣除合同解除之日前发包人应向承包人收回的价款。当发包人应扣除的金额超过了应支付的金额，承包人应在合同解除后的 56 天内将其差额退还给发包人。

3）因承包人违约解除合同的，发包人应暂停向承包人支付任何价款。发包人应在合同解除后 28 天内核实合同解除时承包人已完成的全部合同价款以及按施工进度计划已运至现场的材料和工程设备货款，按合同约定核算承包人应支付的违约金以及造成损失的索赔金额，并将结果通知承包人。发承包双方应在 28 天内予以确认或提出意见，并应办理结算合同价款。如果发包人应扣除的金额超过了应支付的金额，承包人应在合同解除后的 56 天内将其差额退还给发包人。发承包双方不能就解除合同后的结算达成一致的，按照合同约定的争议解决方式处理。

4）因发包人违约解除合同的，发包人除应按照 2）的规定向承包人支付各项价款外，应按合同约定核算发包人应支付的违约金以及给承包人造成损失或损害的索赔金额费用。

该笔费用应由承包人提出，发包人核实后应与承包人协商确定后的 7 天内向承包人签发支付证书。协商不能达成一致的，应按照合同约定的争议解决方式处理。

2.2.10 合同价款争议的解决

1. 监理或造价工程师暂定

1）若发包人和承包人之间就工程质量、进度、价款支付与扣除、工期延期、索赔、价款调整等发生任何法律上、经济上或技术上的争议，首先应根据已签约合同的规定，提交合同约定职责范围内的总监理工程师或造价工程师解决，并应抄送另一方。总监理工程师或造价工程师在收到此提交件后 14 天内应将暂定结果通知发包人和承包人。发承包双方对暂定结果认可的，应以书面形式予以确认，暂定结果成为最终决定。

2）发承包双方在收到总监理工程师或造价工程师的暂定结果通知之后的 14 天内未对暂定结果予以确认也未提出不同意见的，应视为发承包双方已认可该暂定结果。

3）发承包双方或一方不同意暂定结果的，应以书面形式向总监理工程师或造价工程师提出，说明自己认为正确的结果，同时抄送另一方，此时该暂定结果成为争议。在暂定结果对发承包双方当事人履约不产生实质影响的前提下，发承包双方应实施该结果，直到按照发承包双方认可的争议解决办法被改变为止。

2. 管理机构的解释或认定

1）合同价款争议发生后，发承包双方可就工程计价依据的争议以书面形式提请工程造价管理机构对争议以书面文件进行解释或认定。

2）工程造价管理机构应在收到申请的 10 个工作日内就发承包双方提请的争议问题进行解释或认定。

3）发承包双方或一方在收到工程造价管理机构书面解释或认定后仍可按照合同约定的争议解决方式提请仲裁或诉讼。除工程造价管理机构的上级管理部门做出了不同的解释或认定，或在仲裁裁决或法院判决中不予采信的外，工程造价管理机构做出的书面解释或认定应为最终结果，并应对发承包双方均有约束力。

3. 协商和解

1）合同价款争议发生后，发承包双方任何时候都可以进行协商。协商达成一致的，双方应签订书面和解协议，和解协议对发承包双方均有约束力。

2）如果协商不能达成一致协议，发包人或承包人都可以按合同约定的其他方式解决争议。

4. 调解

1）发承包双方应在合同中约定或在合同签订后共同约定争议调解人，负责双方在合同履行过程中发生争议的调解。

2）合同履行期间，发承包双方可协议调换或终止任何调解人，但发包人或承包人都不能单独采取行动。除非双方另有协议，在最终结清支付证书生效后，调解人的任期应即终止。

3）如果发承包双方发生了争议，任何一方可将该争议以书面形式提交调解人，并将副本抄送另一方，委托调解人调解。

4）发承包双方应按照调解人提出的要求，给调解人提供所需要的资料、现场进入权及相应设施。调解人应被视为不是在进行仲裁人的工作。

5）调解人应在收到调解委托后28天内或由调解人建议并经发承包双方认可的其他期限内提出调解书，发承包双方接受调解书的，经双方签字后作为合同的补充文件，对发承包双方均具有约束力，双方都应立即遵照执行。

6）当发承包双方中任一方对调解人的调解书有异议时，应在收到调解书后28天内向另一方发出异议通知，并应说明争议的事项和理由。但除非并直到调解书在协商和解或仲裁裁决、诉讼判决中做出修改，或合同已经解除，承包人应继续按照合同实施工程。

7）当调解人已就争议事项向发承包双方提交了调解书，而任一方在收到调解书后28天内均未发出表示异议的通知时，调解书对发承包双方应均具有约束力。

5. 仲裁、诉讼

1）发承包双方的协商和解或调解均未达成一致意见，其中的一方已就此争议事项根据合同约定的仲裁协议申请仲裁，应同时通知另一方。

2）仲裁可在竣工之前或之后进行，但发包人、承包人、调解人各自的义务不得因在工程实施期间进行仲裁而有所改变。当仲裁是在仲裁机构要求停止施工的情况下进行时，承包人应对合同工程采取保护措施，由此增加的费用应由败诉方承担。

3）在本节第1条"监理或造价工程师暂定"～第4条"调解"的期限之内，暂定或和解协议或调解书已经有约束力的情况下，当发承包中一方未能遵守暂定或和解协议或调解书时，另一方可在不损害他可能具有的任何其他权利的情况下，将未能遵守暂定或不执行和解协议或调解书达成的事项提交仲裁。

4）发包人、承包人在履行合同时发生争议，双方不愿和解、调解或者和解、调解不成，又没有达成仲裁协议的，可依法向人民法院提起诉讼。

2.2.11　工程造价鉴定

1. 一般鉴定

1）在工程合同价款纠纷案件处理中，需做工程造价司法鉴定的，应委托具有相应资质的工程造价咨询人进行。

2）工程造价咨询人接受委托时提供工程造价司法鉴定服务，应按仲裁、诉讼程序和要求进行，并应符合国家关于司法鉴定的规定。

3）工程造价咨询人进行工程造价司法鉴定时，应指派专业对口、经验丰富的注册造价工程师承担鉴定工作。

4）工程造价咨询人应在收到工程造价司法鉴定资料后10天内，根据自身专业能力和证据资料判断能否胜任该项委托，如不能，应辞去该项委托。工程造价咨询人不得在鉴定期满后以上述理由不做出鉴定结论，影响案件处理。

5）接受工程造价司法鉴定委托的工程造价咨询人或造价工程师如是鉴定项目一方当事人的近亲属或代理人、咨询人以及其他关系可能影响鉴定公正的，应当自行回避；未自行回避，鉴定项目委托人以该理由要求其回避的，必须回避。

6）工程造价咨询人应当依法出庭接受鉴定项目当事人对工程造价司法鉴定意见书的

质询。如确因特殊原因无法出庭的，经审理该鉴定项目的仲裁机关或人民法院准许，可以书面形式答复当事人的质询。

2. 取证

1）工程造价咨询人进行工程造价鉴定工作时，应自行收集以下（但不限于）鉴定资料：

①适用于鉴定项目的法律、法规、规章、规范性文件以及规范、标准、定额。

②鉴定项目同时期同类型工程的技术经济指标及其各类要素价格等。

2）工程造价咨询人收集鉴定项目的鉴定依据时，应向鉴定项目委托人提出具体书面要求，其内容包括：

①与鉴定项目相关的合同、协议及其附件。

②相应的施工图纸等技术经济文件。

③施工过程中的施工组织、质量、工期和造价等工程资料。

④存在争议的事实及各方当事人的理由。

⑤其他有关资料。

3）工程造价咨询人在鉴定过程中要求鉴定项目当事人对缺陷资料进行补充的，应征得鉴定项目委托人同意，或者协调鉴定项目各方当事人共同签认。

4）根据鉴定工作需要现场勘验的，工程造价咨询人应提请鉴定项目委托人组织各方当事人对被鉴定项目所涉及的实物标的进行现场勘验。

5）勘验现场应制作勘验记录、笔录或勘验图表，记录勘验的时间、地点、勘验人、在场人、勘验经过、结果，由勘验人、在场人签名或者盖章确认。绘制的现场图应注明绘制的时间、测绘人姓名、身份等内容。必要时应采取拍照或摄像取证，留下影像资料。

6）鉴定项目当事人未对现场勘验图表或勘验笔录等签字确认的，工程造价咨询人应提请鉴定项目委托人决定处理意见，并在鉴定意见书中做出表述。

3. 鉴定

1）工程造价咨询人在鉴定项目合同有效的情况下应根据合同约定进行鉴定，不得任意改变双方合法的合意。

2）工程造价咨询人在鉴定项目合同无效或合同条款约定不明确的情况下应根据法律法规、相关国家标准和《建设工程工程量清单计价规范》GB 50500—2013 的规定，选择相应专业工程的计价依据和方法进行鉴定。

3）工程造价咨询人出具正式鉴定意见书之前，可报请鉴定项目委托人向鉴定项目各方当事人发出鉴定意见书征求意见稿，并指明应书面答复的期限及其不答复的相应法律责任。

4）工程造价咨询人收到鉴定项目各方当事人对鉴定意见书征求意见稿的书面复函后，应对不同意见认真复核，修改完善后再出具正式鉴定意见书。

5）工程造价咨询人出具的工程造价鉴定书应包括下列内容：

①鉴定项目委托人名称、委托鉴定的内容。

②委托鉴定的证据材料。

③鉴定的依据及使用的专业技术手段。

④对鉴定过程的说明。

⑤明确的鉴定结论。

⑥其他需说明的事宜。

⑦工程造价咨询人盖章及注册造价工程师签名盖执业专用章。

6）工程造价咨询人应在委托鉴定项目的鉴定期限内完成鉴定工作，如确因特殊原因不能在原定期限内完成鉴定工作时，应按照相应法规提前向鉴定项目委托人申请延长鉴定期限，并应在此期限内完成鉴定工作。

经鉴定项目委托人同意等待鉴定项目当事人提交、补充证据的，质证所用的时间不应计入鉴定期限。

7）对于已经出具的正式鉴定意见书中有部分缺陷的鉴定结论，工程造价咨询人应通过补充鉴定做出补充结论。

2.2.12　工程计价资料与档案

1.　计价资料

1）发承包双方应当在合同中约定各自在合同工程中现场管理人员的职责范围，双方现场管理人员在职责范围内签字确认的书面文件是工程计价的有效凭证，但如有其他有效证据或经实证证明其是虚假的除外。

2）发承包双方不论在何种场合对与工程计价有关的事项所给予的批准、证明、同意、指令、商定、确定、确认、通知和请求，或表示同意、否定、提出要求和意见等，均应采用书面形式，口头指令不得作为计价凭证。

3）任何书面文件送达时，应由对方签收，通过邮寄应采用挂号、特快专递传送，或以发承包双方商定的电子传输方式发送，交付、传送或传输至指定的接收人的地址。如接收人通知了另外地址时，随后通信信息应按新地址发送。

4）发承包双方分别向对方发出的任何书面文件，均应将其抄送现场管理人员，如系复印件应加盖合同工程管理机构印章，证明与原件相同。双方现场管理人员向对方所发任何书面文件，也应将其复印件发送给发承包双方，复印件应加盖合同工程管理机构印章，证明与原件相同。

5）发承包双方均应当及时签收另一方送达其指定接收地点的来往信函，拒不签收的，送达信函的一方可以采用特快专递或者公证方式送达，所造成的费用增加（包括被迫采用特殊送达方式所发生的费用）和延误的工期由拒绝签收一方承担。

6）书面文件和通知不得扣压，一方能够提供证据证明另一方拒绝签收或已送达的，应视为对方已签收并应承担相应责任。

2.　计价档案

1）发承包双方以及工程造价咨询人对具有保存价值的各种载体的计价文件，均应收集齐全，整理立卷后归档。

2）发承包双方和工程造价咨询人应建立完善的工程计价档案管理制度，并应符合国家和有关部门发布的档案管理相关规定。

3）工程造价咨询人归档的计价文件，保存期不宜少于五年。

4）归档的工程计价成果文件应包括纸质原件和电子文件，其他归档文件及依据可为纸质原件、复印件或电子文件。

　　5）归档文件应经过分类整理，并应组成符合要求的案卷。

　　6）归档可以分阶段进行，也可以在项目竣工结算完成后进行。

　　7）向接受单位移交档案时，应编制移交清单，双方应签字、盖章后方可交接。

3 园林工程工程量计算及清单编制实例

3.1 绿化工程工程量计算及清单编制实例

3.1.1 绿化工程清单工程量计算规则

1. 绿地整理

绿地整理工程量清单项目设置、项目特征描述的内容、计量单位及工程量计算规则，应按表 3-1 的规定执行。

表 3-1 绿地整理（编码：050101）

项目编码	项目名称	项目特征	计量单位	工程量计算规则	工程内容
050101001	砍伐乔木	树干胸径	株	按数量计算	1. 伐树 2. 废弃物运输 3. 场地清理
050101002	挖树根（蔸）	地径			1. 挖树根 2. 废弃物运输 3. 场地清理
050101003	砍挖灌木丛及根	丛高或蓬径	1. 株 2. m²	1. 以株计量，按数量计算 2. 以平方米计量，按面积计算	1. 砍挖 2. 废弃物运输 3. 场地清理
050101004	砍挖竹及根	根盘直径	1. 株 2. 丛	按数量计算	
050101005	砍挖芦苇（或其他水生植物）及根	根盘丛径	m²	按面积计算	
050101006	清除草皮	草皮种类			1. 除草 2. 废弃物运输 3. 场地清理

续表 3-1

项目编码	项目名称	项目特征	计量单位	工程量计算规则	工程内容
050101007	清除地被植物	植物种类	m²	按面积计算	1. 清除植物 2. 废弃物运输 3. 场地清理
050101008	屋面清理	1. 屋面做法 2. 屋面高度		按设计图示尺寸以面积计算	1. 原屋面清扫 2. 废弃物运输 3. 场地清理
050101009	种植土回（换）填	1. 回填土质要求 2. 取土运距 3. 回填厚度	1. m³ 2. 株	1. 以立方米计量，按设计图示回填面积乘以回填厚度以体积计算 2. 以株计量，按设计图示数量计算	1. 土方挖、运 2. 回填 3. 找平、找坡 4. 废弃物运输
050101010	整理绿化用地	1. 回填土质要求 2. 取土运距 3. 回填厚度 4. 找平找坡要求 5. 弃渣运距	m²	按设计图示尺寸以面积计算	1. 排地表水 2. 土方挖、运 3. 耙细、过筛 4. 回填 5. 找平、找坡 6. 拍实 7. 废弃物运输
050101011	绿地起坡造型	1. 回填土质要求 2. 取土运距 3. 起坡平均高度	m³	按设计图示尺寸以体积计算	1. 排地表水 2. 土方挖、运 3. 耙细、过筛 4. 回填 5. 找平、找坡 6. 废弃物运输

续表 3-1

项目编码	项目名称	项目特征	计量单位	工程量计算规则	工程内容
050101012	屋顶花园基底处理	1. 找平层厚度、砂浆种类、强度等级 2. 防水层种类、做法 3. 排水层厚度、材质 4. 过滤层厚度、材质 5. 回填轻质土厚度、种类 6. 屋面高度 7. 阻根层厚度、材质、做法	m²	按设计图示尺寸以面积计算	1. 抹找平层 2. 防水层铺设 3. 排水层铺设 4. 过滤层铺设 5. 填轻质土壤 6. 阻根层铺设 7. 运输

注：1. 整理绿化用地项目包含厚度≤300mm 回填土、厚度＞300mm 回填土。

2. 填方密实度要求，在无特殊要求情况下，项目特征可描述为满足设计和规范的要求。

3. 填方材料品种可以不描述，但应注明由投标人根据设计要求验方后方可填入，并符合相关工程的质量规范要求。

4. 填方粒径要求，在无特殊要求情况下，项目特征可以不描述。

5. 如需买土回填应在项目特征填方来源中描述，并注明买土方数量。

2. 栽植花木

栽植花木工程量清单项目设置、项目特征描述的内容、计量单位及工程量计算规则，应按表 3-2 的规定执行。

表 3-2   栽植花木（编码：050102）

项目编码	项目名称	项目特征	计量单位	工程量计算规则	工程内容
050102001	栽植乔木	1. 种类 2. 胸径或干径 3. 株高、冠径 4. 起挖方式 5. 养护期	株	按设计图示数量计算	1. 起挖 2. 运输 3. 栽植 4. 养护
050102002	栽植灌木	1. 种类 2. 跟盘直径 3. 冠丛高 4. 蓬径 5. 起挖方式 6. 养护期	1. 株 2. m²	1. 以株计量，按设计图示数量计算 2. 以平方米计量，按设计图示尺寸以绿化水平投影面积计算	
050102003	栽植竹类	1. 竹种类 2. 竹胸径或根盘丛径 3. 养护期	1. 株 2. 丛	按设计图示数量计算	
050102004	栽植棕榈类	1. 种类 2. 株高、地径 3. 养护期	株		

续表 3-2

项目编码	项目名称	项目特征	计量单位	工程量计算规则	工程内容
050102005	栽植绿篱	1. 种类 2. 篱高 3. 行数、蓬径 4. 单位面积株数 5. 养护期	1. m 2. m²	1. 以米计量，按设计图示长度以延长米计算 2. 以平方米计量，按设计图示尺寸以绿化水平投影面积计算	
050102006	栽植攀缘植物	1. 植物种类 2. 地径 3. 单位面积株数 4. 养护期	1. 株 2. m	1. 以株计量，按设计图示数量计算 2. 以米计量，按设计图示种植长度以延长米计算	1. 起挖 2. 运输 3. 栽植 4. 养护
050102007	栽植色带	1. 苗木、花卉种类 2. 株高或蓬径 3. 单位面积株数 4. 养护期	m²	按设计图示尺寸以面积计算	
050102008	栽植花卉	1. 花卉种类 2. 株高或蓬径 3. 单位面积株数 4. 养护期	1. 株（丛、缸） 2. m²	1. 以株（丛、缸）计量，按设计图示数量计算 2. 以平方米计量，按设计图示尺寸以水平投影面积计算	
050102009	栽植水生植物	1. 植物种类 2. 株高或蓬径或芽数/株 3. 单位面积株数 4. 养护期	1. 丛（缸） 2. m²		
050102010	垂直墙体绿化种植	1. 植物种类 2. 生长年数或地（干）径 3. 栽植容器材质、规格 4. 栽植基质种类、厚度 5. 养护期	1. m² 2. m	1. 以平方米计量，按设计图示尺寸以绿化水平投影面积计算 2. 以米计量，按设计图示种植长度以延长米计算	1. 起挖 2. 运输 3. 栽植容器安装 4. 栽植 5. 养护

续表 3-2

项目编码	项目名称	项目特征	计量单位	工程量计算规则	工程内容
050102011	花卉立体布置	1. 草本花卉种类 2. 高度或蓬径 3. 单位面积株数 4. 种植形式 5. 养护期	1. 单体（处） 2. m²	1. 以单体（处）计量，按设计图示数量计算 2. 以平方米计量，按设计图示尺寸以面积计算	1. 起挖 2. 运输 3. 栽植 4. 养护
050102012	铺种草皮	1. 草皮种类 2. 铺种方式 3. 养护期	m²	按设计图示尺寸以绿化投影面积计算	1. 起挖 2. 运输 3. 铺底砂（土） 4. 栽植 5. 养护
050102013	喷播植草（灌木）籽	1. 基层材料种类规格 2. 草（灌木）籽种类 3. 养护期	m²	按设计图示尺寸以绿化投影面积计算	1. 基层处理 2. 坡地细整 3. 喷播 4. 覆盖 5. 养护
050102014	植草、砖内植草	1. 草坪种类 2. 养护期			1. 起挖 2. 运输 3. 覆土（砂） 4. 栽植 5. 养护
050102015	挂网	1. 种类 2. 规格		按设计图示尺寸以挂网投影面积计算	1. 制作 2. 运输 3. 安放
050102016	箱/钵栽植	1. 箱/钵体材料品种 2. 箱/钵外形尺寸 3. 栽植植物种类、规格 4. 土质要求 5. 防护材料种类 6. 养护期	个	按设计图示箱/钵数量计算	1. 制作 2. 运输 3. 安放 4. 栽植 5. 养护

注：1. 挖土外运、借土回填、挖（凿）土（石）方应包括在相关项目内。

    2. 苗木计算应符合下列规定：

      （1）胸径应为地表面向上 1.2m 高处树干直径。

      （2）冠径又称冠幅，应为苗木冠丛垂直投影面的最大直径和最小直径之间的平均值。

      （3）蓬径应为灌木、灌丛垂直投影面的直径。

      （4）地径应为地表面向上 0.1m 高处树干直径。

      （5）干径应为地表面向上 0.3m 高处树干直径。

      （6）株高应为地表面至树顶端的高度。

      （7）冠丛高应为地表面至乔（灌）木顶端的高度。

      （8）篱高应为地表面至绿篱顶端的高度。

      （9）养护期应为招标文件中要求苗木种植结束后承包人负责养护的时间。

    3. 苗木移（假）植应按花木栽植相关项目单独编码列项。

    4. 土球包裹材料、树体输液保湿及喷洒生根剂等费用包含在相应项目内。

    5. 墙体绿化浇灌系统按"绿地喷灌"相关项目单独编码列项。

    6. 发包人如有成活率要求时，应在特征描述中加以描述。

3. 绿地喷灌

绿地喷灌工程量清单项目设置及工程量计算规则见表 3-3。

表 3-3　绿地喷灌（编码：050103）

项目编码	项目名称	项目特征	计量单位	工程量计算规则	工程内容
050103001	喷灌管线安装	1. 管道品种、规格 2. 管件品种、规格 3. 管道固定方式 4. 防护材料种类 5. 油漆品种、刷漆遍数	m	按设计图示管道中心线长度以延长米计算，不扣除检查（阀门）井、阀门、管件及附件所占的长度	1. 管道铺设 2. 管道固筑 3. 水压试验 4. 刷防护材料、油漆
050103002	喷灌配件安装	1. 管道附件、阀门、喷头品种、规格 2. 管道附件、阀门、喷头固定方式 3. 防护材料种类 4. 油漆品种、刷漆遍数	个	按设计图示数量计算	1. 管道附件、阀门、喷头安装 2. 水压试验 3. 刷防护材料、油漆

注：1. 挖填土石方应按现行国家标准《房屋建筑与装饰工程工程量计算规范》GB 50854—2013 附录 A 相关项目编码列项。

　　2. 阀门井应按现行国家标准《市政工程工程量计算规范》GB 50857—2013 相关项目编码列项。

3.1.2　绿化工程定额工程量计算规则

1. 绿地整理工程工程量计算

（1）勘察现场

1）工作内容：绿化工程施工前需要进行现场调查，对架高物、地下管网、各种障碍物以及水源、地质、交通等状况进行全面了解，并做好施工安排或施工组织设计。

2）工程量计算：以植株计算，灌木类以每丛折合 1 株，绿篱每 1 延长米折合 1 株，乔木不分品种规格一律按"株"计算。

（2）清理绿化用地

1）工作内容：清理现场，土厚在±30cm 之内的挖、填、找平，按设计标高整理地面，渣土集中，装车外运。

①人工平整：地面凹凸高差在±30cm 以内的就地挖、填、找平；凡高差超出±30cm 的，每 10cm 增加人工费 35%，不足 10cm 的按 10cm 计算。

②机械平整：无论地面凹凸高差多少，一律执行机械平整。

2）工程量计算：工程量以"10m²"计算。

①拆除障碍物：视实际拆除体积以"m³"计算。

②平整场地：按设计供栽植的绿地范围以"m²"计算。

③客土：裸根乔木、灌木、攀缘植物和竹类，按其不同坑体规格以"株"计算；土球苗

木，按不同球体规格以"株"计算；木箱苗木，按不同的箱体规格以"株"计算；绿篱，按不同槽（沟）断面，分单行双行以"m"计算；色块、草坪、花卉，按种植面积以"m²"计算。

④人工整理绿化用地是指±30cm 范围内的平整，超出该范围时按照人工挖土方相应的子目规定计算。

⑤机械施工的绿化用地的挖、填土方工程，其大型机械进出场费均按地方定额中关于大型机械进出场费的规定执行，列入其独立土石方工程概算。

⑥整理绿化用地渣土外运的工程量分以下两种情况以"m³"计算：

a. 自然地坪与设计地坪标高相差在±30cm 以内时，整理绿化用地渣土量按每平方米0.05m³ 计算。

b. 自然地坪与设计地坪标高相差在±30cm 以外时，整理绿化用地渣土量按挖土方与填土方之差计算。

2. 园林植树工程工程量计算

(1) 刨树坑

1）工作内容：分为刨树坑、刨绿篱沟、刨绿带沟三项。

土壤划分为三种，分别是：坚硬土、杂质土、普通土。

刨树坑是从设计地面标高下刨，无设计标高的以一般地面水平为准。

2）工程量计算：刨树坑以"个"计算，刨绿篱沟以"延长米"计算，刨绿带沟以"m³"计算。乔木胸径在 3～10cm 以内，常绿树高度在 1～4m 以内；大于以上规格的按大树移植处理。乔木应选择树体高大（在 5m 以上），具有明显树干的树木，如银杏、雪松等。

(2) 施肥

1）工作内容：分为乔木施肥、观赏乔木施肥、花灌木施肥、常绿乔木施肥、绿篱施肥、攀缘植物施肥、草坪及地被施肥（施肥主要指有机肥，其价格已包括场外运费）七项。

2）工程量计算：均按植物的株数计算，其他均以"m²"计算。

(3) 修剪

1）工作内容：分为修剪、强剪、绿篱平剪三项。修剪是指栽植前的修根、修枝；强剪是指"抹头"；绿篱平剪是指栽植后的第一次顶部定高平剪及两侧面垂直或正梯形坡剪。

2）工程量计算：除绿篱以"延长米"计算外，树木均按株数计算。

(4) 防治病虫害

1）工作内容：分为刷药、涂白、人工喷药三项。

2）工程量计算：均按植物的株数计算，其他均以"m²"计算。

①刷药：泛指以波美度为 0.5 的石硫合剂为准，刷药的高度至分枝点，要求全面且均匀。

②涂白：其浆料以生石灰：氯化钠：水＝2.5：1：18 为准，刷涂料高度在 1.3m 以下，要上口平齐、高度一致。

③人工喷药：指栽植前需要人工肩背喷药防治病虫害，或必要的土壤有机肥人工拌农药灭菌消毒。

(5) 树木栽植

1）栽植乔木：乔木根据其形态及计量的标准分为：按苗高计量的有两府海棠、木槿；按冠径计量的有金银木和丁香等。

①起挖乔木（带土球）：

a. 工作内容：起挖、包扎出坑、搬运集中、回土填坑。

b. 工程量计算：按土球直径分别列项，以"株"计算。特大或名贵树木另行计算。

②起挖乔木（裸根）：

a. 工作内容：起挖、出坑、修剪、打浆、搬运集中、回土填坑。

b. 工程量计算：按胸径分别列项，以"株"计算。特大或名贵树木另行计算。

③栽植乔木（带土球）：

a. 工作内容：挖坑，栽植（落坑、扶正、回土、捣实、筑水围），浇水，覆土，保墒，整形，清理。

b. 工程量计算：按土球直径分别列项，以"株"计算。特大或名贵树木另行计算。

④栽植乔木（裸根）：

a. 工作内容：挖坑栽植、浇水、覆土、保墒、整形、清理。

b. 工程量计算：按胸径分别列项，以"株"计算。特大或名贵树木另行计算。

2）栽植灌木：灌木树体矮小（在 5m 以下），无明显主干或主干甚短。如月季、连翘、金银木等。

①起挖灌木（带土球）：

a. 工作内容：起挖、包扎、出坑、搬运集中、回土填坑。

b. 工程量计算：按土球直径分别列项，以"株"计算。特大或名贵树木另行计算。

②起挖灌木（裸根）：

a. 工作内容：起挖、出坑、修剪、打浆、搬运集中、回土填坑。

b. 工程量计算：按冠丛高分别列项，以"株"计算。

③栽植灌木（带土球）：

a. 工作内容：挖坑，栽植（扶正、捣实、回土、筑水围），浇水，覆土，保墒，整形，清理。

b. 工程量计算：按土球直径分别列项，以"株"计算。特大或名贵树木另行计算。

④栽植灌木（裸根）：

a. 工作内容：挖坑、栽植、浇水、覆土、保墒、整形、清理。

b. 工程量计算：按冠丛高分别列项，以"株"计算。

3）栽植绿篱：绿篱分为：落叶绿篱，如雪柳、小白榆等；常绿绿篱，如侧柏、小桧柏等。篱高是指绿篱苗木顶端距地平面高度。

①工作内容：开沟、排苗、回土、筑水围、浇水、覆土、整形、清理。

②工程量计算：按单、双排和高度分别列项，工程量以"延长米"计算，单排以"丛"计算，双排以"株"计算。绿篱，按单行或双行不同篱高以"m"计算（单行 3.5 株/m，双行 5 株/m）；色带以"m²"计算（色块 12 株/m²）。

绿化工程栽植苗木中，绿篱按单行或双行不同篱高以"m"计算，单行每延长米栽 3.5 株，双行每延长米栽 5 株；色带每 1m² 栽 12 株；攀缘植物根据不同生长年限每延长米栽 5~6 株；草花每 1m² 栽 35 株。

4）栽植攀缘类：攀缘类是能攀附他物向上生长的蔓性植物，多借助吸盘（如地锦等）、附根（如凌霄等）、卷须（如葡萄等）、蔓条（如爬蔓月季等）以及干茎本身（如紫藤等）的缠绕性而攀附他物。

①工作内容：挖坑、栽植、浇水、覆土、保墒、整形、清理。

②工程量计算：攀缘植物，按不同生长年限以"株"计算。

5）栽植竹类：

①起挖竹类（散生竹）：

a. 工作内容：起挖、包扎、出坑、修剪、搬运集中、回土填坑。

b. 工程量计算：按胸径分别列项，以"株"计算。

②起挖竹类（丛生竹）：

a. 工作内容：起挖、包扎、出坑、修剪、搬运集中、回土填坑。

b. 工程量计算：按根盘丛径分别列项，以"丛"计算。

③栽植竹类（散生竹）：

a. 工作内容：挖坑，栽植（扶正、捣实、回土、筑水围），浇水，覆土，保墒，整形，清理。

b. 工程量计算：按胸径分别列项，以"株"计算。

④栽植竹类（丛生竹）：

a. 工作内容：挖坑，栽植（扶正、捣实、回土、筑水围），浇水，覆土，保墒，整形，清理。

b. 工程量计算：按根盘丛径分别列项，以"丛"计算。

⑤栽植水生植物：

a. 工作内容：挖淤泥、搬运、种植、养护。

b. 工程量计算：按荷花、睡莲分别列项，以"10株"计算。

(6) 树木支撑

1）工作内容：分为两架一拐、三架一拐、四脚钢筋架、竹竿支撑、幌绳绑扎五项。

2）工程量计算：均按植物的株数计算，其他均以"m²"计算。

(7) 新树浇水

1）工作内容：分为人工胶管浇水和汽车浇水两项。

2）工程量计算：除篱以"延长米"计算外，树木均按株数计算。

人工胶管浇水，距水源以100m以内为准，每超50m用工增加14%。

(8) 铺设盲管

1）工作内容：分为找泛水、接口、养护、清理、保证管内无滞塞物五项。

2）工程量计算：按管道中心线全长以"延长米"计算。

(9) 清理竣工现场

1）工作内容：分为人力车运土、装载机自卸车运土两项。

2）工程量计算：每株树木（不分规格）按"5m²"计算，绿篱每延长米按"3m²"计算。

(10) 原土过筛

1）工作内容：在保证工程质量的前提下，应充分利用原土降低造价，但原土含瓦砾、杂物率不得超过30%，且土质理化性质须符合种植土地要求。

2）工程量计算

①原土过筛：按筛后的好土以"m³"计算。

②土坑换土：以实挖的土坑体积乘以系数 1.43 计算。

3. 花卉与草坪种植工程工程量计算

（1）栽植露地花卉

1）工作内容：翻土整地、清除杂物、施基肥、放样、栽植、浇水、清理。

2）工程量计算：按草本花，木本花，球、地根类，一般图案花坛，彩纹图案花坛，立体花坛，五色草一般图案花坛，五色草彩纹图案花坛，五色草立体花坛分别列项，以"10m²"计算。

每平方米栽植数量：草花 25 株；木本花卉 5 株；植根花卉，草本 9 株、木本 5 株。

（2）草皮铺种

1）工作内容：翻土整地、清除杂物、搬运草皮、浇水、清理。

2）工程量计算：按散铺、满铺、直生带、播种分别列项，以"10m²"计算。种苗费未包括在定额内，须另行计算。

4. 大树移植工程工程量计算

（1）工作内容

1）带土方木箱移植法：

①掘苗前，先按照绿化设计要求的树种、规格选苗，并在选好的树上做出明显标记，将树木的品种、规格（高度、干径、分枝点高度、树形及主要观赏面）分别记入卡片，以便分类，编出栽植顺序。

②掘苗与运输：

a. 掘苗。掘苗时，先根据树木的种类、株行距和干径的大小确定在植株根部留土台的大小。可按苗木胸径（即树木高 1.3m 处的树干直径）的 7～10 倍确定土台。

b. 运输。修整好土台之后，应立即上箱板，其操作顺序如下：上侧板、上钢丝绳、钉铁皮、掏底和上底板、上盖板、吊运装车、运输、卸车。

③栽植：

a. 挖坑。

b. 吊树入坑。

c. 拆除箱板和回填土。

d. 栽后管理。

2）软包装土球移植法：

①掘苗准备工作：掘苗的准备工作与方木箱的移植相似，但它不需要用木箱板、铁皮等材料和某些工具，材料中只要有蒲包片、草绳等物即可。

②掘苗与运输：

a. 确定土球的大小。

b. 挖掘。

c. 打包。

d. 吊装运输。

e. 假植。

f. 栽植。

（2）工程量计算

1）分为大型乔木移植、大型常绿树移植两部分，每部分又分带土台、装木箱两种。

2）大树移植的规格，乔木以胸径 10cm 以上为起点，分 10～15cm、15～20cm、20～30cm、30cm 以上四个规格。

3）浇水按自来水考虑，为三遍水的费用。

4）所用吊车、汽车可按不同规格计算。

5）工程量按移植株数计算。

5. 绿化养护工程工程量计算

（1）工作内容

1）乔木浇透水 10 次，常绿树木浇透水 6 次，花灌木浇透水 13 次，花卉每周浇透水 1～2 次。

2）中耕除草乔木 3 遍，花灌木 6 遍，常绿树木 2 遍；草坪除草可按草种不同修剪 2～4 次，草坪清杂草应随时进行。

3）喷药乔木、花灌木、花卉 7～10 遍。

4）打芽及定型修剪落叶乔木 3 次，常绿树木 2 次，花灌木 1～2 次。

5）喷水移植大树浇水须适当喷水，常绿类 6～7 月份共喷 124 次，植保用农药化肥随浇水执行。

（2）工程量计算

1）乔木（果树）、灌木、攀缘植物以"株"计算；绿篱以"m"计算；草坪、花卉、色带、宿根以"m²"计算；丛生竹以"丛"计算。也可根据施工方自身的情况、多年绿化养护的经验以及业主要求的时间进行列项计算。

2）冬期防寒是北方园林中常见的苗木防护措施，包括支撑竿、喷防冻液、搭风帐等。后期管理费中不含冬期防寒措施，需另行计算。乔木、灌木按数量以"株"计算；色带、绿篱按长度以"m"计算；木本、宿根花卉按面积以"m²"计算。

3.1.3　绿化工程工程量计算常用数据

1. 绿地整理工程量计算公式

（1）横截面法计算土方量

横截面法适用于地形起伏变化较大或形状狭长地带，其方法是：首先，根据地形图及总平面图，将要计算的场地划分成若干个横截面，相邻两个横截面距离视地形变化而定。在起伏变化大的地段，布置密一些（即距离短一些），反之则可适当长一些。然后，实测每个横截面特征点的标高，量出各点之间距离（若测区已有比较精确的大比例尺地形图，也可在图上设置横截面，用比例尺直接量取距离，按等高线求算高程，方法简捷，就其精度来说，没有实测的高），按比例尺把每个横截面绘制到厘米方格纸上，并套上相应的设计断面，则自然地面和设计地面两轮廓线之间的部分，即是需要计算的施工部分。

其具体计算步骤如下：

1）划分横截面。根据地形图（或直接测量）及竖向布置图，将要计算的场地划分横截面 $A—A'$，$B—B'$，$C—C'$，……划分原则为垂直等高线或垂直主要建筑物边长，横截面之间的间距可不等，地形变化复杂的间距宜小，反之宜大一些，但是最大不宜大于 100m。

2）画截面图形。按比例画每个横截面的自然地面和设计地面的轮廓线。设计地面轮廓线之间的部分，即为填方和挖方的截面。

3）计算横截面面积。按表3-4的面积计算公式，计算每个截面的填方或挖方截面积。

表 3-4 常用横截面计算公式

序号	图　　示	面积计算公式
1		$F=h\,(b+nh)$
2		$F=h\left[b+\dfrac{h\,(m+n)}{2}\right]$
3		$F=b\dfrac{h_1+h_2}{2}+nh_1h_2$
4		$F=h_1\dfrac{a_1+a_2}{2}+h_2\dfrac{a_2+a_3}{2}+h_3\dfrac{a_3+a_4}{2}+h_4\dfrac{a_4+a_5}{2}$
5		$F=\dfrac{1}{2}a\,(h_0+2h+h_n)$ $h=h_1+h_2+h_3+\cdots+h_n$

4）计算土方量。根据截面面积计算土方量：

$$V=\frac{1}{2}(F_1+F_2)\times L \tag{3-1}$$

式中　V——相邻两截面间的土方量（m^3）；

F_1、F_2——相邻两截面的挖（填）方截面积（m^2）；

L——相邻两截面间的间距（m）。

5）按土方量汇总。

（2）方格网法计算土方量

方格网法是把平整场地的设计工作和土方量计算工作结合在一起进行的。

1）划分方格网。在附有等高线的地形图（图样常用比例为1：500）上作方格网，方格各边最好与测量的纵、横坐标系统对应，并对方格及各角点进行编号。方格边长在园林中一般用 20m×20m 或 40m×40m。然后将各点设计标高和原地形标高分别标注于方格桩点的右上角和右下角，再将原地形标高与设计地面标高的差值（即各角点的施工标高）填土方格点的左上角，挖方为（＋）、填方为（－）。

其中原地形标高用插入法求得（图 3-1），方法是：设 H_x 为欲求角点的原地面高程，过此点作相邻两等高线间最小距离 L。

$$H_x = H_a \pm \frac{xh}{L} \tag{3-2}$$

式中　H_a——低边等高线的高程；

　　　x——角点至低边等高线的距离；

　　　h——等高差。

插入法求某点地面高程通常会遇到以下三种情况。

①待求点标高 H_x 在两等高线之间，如图 3-1 中①所示：

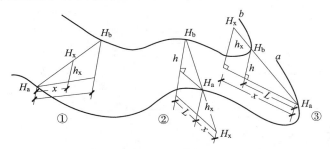

图 3-1　插入法求任意点高程示意图

$$H_x = H_a + \frac{xh}{L}$$

②待求点标高 H_x 在低边等高线的下方，如图 3-1 中②所示：

$$H_x = H_a - \frac{xh}{L}$$

③待求点标高 H_x 在低边等高线的上方，如图 3-1 中③所示：

$$H_x = H_a + \frac{xh}{L}$$

在平面图上线段 H_a—H_b 是过待求点所做的相邻两等高线间最小水平距离 L。求出的标高数值一一标记在图上。

2）求施工标高。施工标高指方格网各角点挖方或填方的施工高度，其导出式为：

$$施工标高 = 原地形标高 - 设计标高 \tag{3-3}$$

从上式看出，要求出施工标高，必须先确定角点的设计标高。为此，具体计算时，要通过平整标高反推出设计标高。设计中通常取原地面高程的平均值（算术平均或加权平均）作为平整标高。平整标高的含义就是将一块高低不平的地面在保证土方平衡的条件下，挖高垫低使地面水平，这个水平地面的高程就是平整标高。这是根据平整前和平整后土方数相等的原理求出的。当平整标高求得后，就可用图解法或数学分析法来确定平整标高的位置，再通过地形设计坡度，可算出各角点的设计标高，最后将施工标高求出。

3）零点位置。零点是指不挖不填的点，零点的连线即为零点线，是填方与挖方的界定线，因而零点线是进行土方计算和土方施工的重要依据之一。要识别是否有零点存在，只要看一个方格内是否同时有填方与挖方，如果同时有，则说明一定存在零点线。为此，应将此方格的零点求出，并标于方格网上，再将零点相连，即可分出填挖方区域，该连线即为零点线。

零点可通过下式求得，如图 3-2（a）所示：

$$x = \frac{h_1}{h_1 + h_2}a \qquad (3\text{-}4)$$

式中　x——零点距 h_1 一端的水平距离（m）；

　　h_1、h_2——方格相邻二角点的施工标高绝对值（m）；

　　　　a——方格边长。

零点的求法还可采用图解法，如图 3-2（b）所示。方法是将直尺放在各角点上标出相应的比例，而后用尺相接，凡与方格交点的为零点位置。

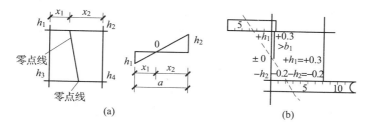

图 3-2　求零点位置示意图
（a）数学分析法；（b）图解法

4）计算土方工程量。根据各方格网底面积图形以及相应的体积计算公式（表 3-5）来逐一求出方格内的挖方量或填方量。

表 3-5　方格网计算土方量计算公式表

项目	图　式	计　算　公　式
一点填方或挖方（三角形）		$V = \dfrac{1}{2}bc\dfrac{\sum h}{3} = \dfrac{bch_3}{6}$ 当 $b = c = a$ 时，$V = \dfrac{a^2 h_3}{6}$
二点填方或挖方（梯形）		$V_+ = \dfrac{b+c}{2}a\dfrac{\sum h}{4} = \dfrac{a}{8}(b+c)(h_1+h_3)$ $V_- = \dfrac{d+e}{2}a\dfrac{\sum h}{4} = \dfrac{a}{8}(d+e)(h_2+h_4)$
三点填方或挖方（五角形）		$V = \left(a^2 - \dfrac{bc}{2}\right)\dfrac{\sum h}{5}$ $= \left(a^2 - \dfrac{bc}{2}\right)\dfrac{h_1+h_2+h_4}{5}$

续表 3-5

项　目	图　　式	计　算　公　式
四点填方或挖方（正方形）		$V = \dfrac{a^2}{4} \sum h = \dfrac{a^2}{4}(h_1 + h_2 + h_3 + h_4)$

注：1. a 为方格网的边长（m）；b、c 为零点到一角的边长（m）；h_1、h_2、h_3、h_4 为方格网四点脚的施工高程（m）；用绝对值代入；$\sum h$ 为填方或挖方施工高程的总和（m），用绝对值代入；V 为挖方或填方体积（m³）。

　　2. 本表公式是按各计算图形底面乘以平均施工高程而得出的。

　　5）计算土方总量。将填方区所有方格的土方量（或挖方区所有方格的土方量）累计汇总，即得到该场地填方和挖方的总土方量，最后填入汇总表。

2. 栽植花木工程工程量计算常用数据

（1）土石方工程计算常用数据

1）各种土的最优含水量和最大密实度参考数值见表 3-6。

表 3-6　土的最优含水量和最大密实度参考表

项次	土的种类	变　动　范　围	
		最优含水量（％）（质量比）	最大干密度（t/m³）
1	砂土	8～12	1.80～1.88
2	黏土	19～23	1.58～1.70
3	粉质黏土	12～15	1.85～1.95
4	粉土	16～22	1.61～1.80

2）压实机械和工具每层铺土厚度与所需的碾压（夯实）遍数的参考数值见表 3-7。

表 3-7　填方每层铺土厚度和压实遍数

压　实　机　具	每层铺土厚度（mm）	每层压实遍数（遍）
平碾	200～300	6～8
羊足碾	200～350	8～16
蛙式打夯机	200～250	3～4
振动碾	60～130	6～8
振动压路机	120～150	10
推土机	200～300	6～8
拖拉机	200～300	8～16
人工打夯	不大于 200	3～4

注：人工打夯时土块粒径不应大于 5cm。

3）利用运土工具行驶来压实时，每层铺土厚度不得超过表 3-8 的数值。

表 3-8 运土工具压实填方参考值　　　　单位：m

项次	填土方法和采用的运土工具	土 的 名 称		
		粉质黏土和黏土	粉土	砂土
1	拖拉机拖车和其他填土方法并用机械平土	0.7	1.0	1.5
2	汽车和轮式铲运机	0.5	0.8	1.2
3	人推小车和马车运土	0.3	0.6	1.0

4）挖方工程的放坡做法见表 3-9 和表 3-10。

表 3-9 不同的土质自然放坡坡度允许值

土质类别	密实度或黏性土状态	坡度允许值（高度比）	
		坡高在 5m 以下	坡高 5～10m
碎石类土	密实	1∶0.35～1∶0.50	1∶50～1∶0.75
	中密实	1∶0.50～1∶0.75	1∶0.75～1∶1.00
	稍密实	1∶0.75～1∶1.00	1∶1.00～1∶1.25
老黏性土	坚硬	1∶0.35～1∶0.50	1∶0.50～1∶0.75
	硬塑	1∶0.50～1∶0.75	1∶0.75～1∶1.10
一般黏性土	坚硬	1∶0.75～1∶1.00	1∶1.00～1∶1.25
	硬塑	1∶1.00～1∶1.25	1∶1.25～1∶1.50

表 3-10 一般土壤自然放坡坡度允许值

序号	土 壤 类 别	坡度允许值（高宽比）
1	黏土、粉质黏土、亚砂、砂土（不包括细砂、粉砂），深度不超过 3m	1∶1.00～1∶1.25
2	土质同上，深度 3～12m	1∶1.25～1∶1.50
3	干燥黄土、类黄土、深度不超过 5m	1∶1.00～1∶1.25

5）岩石边坡的坡度允许值（高宽比）受石质类别、石质风化程度以及坡面高度三方面因素的影响，见表 3-11。

表 3-11　岩石边坡坡度允许值

岩石类别	风化程度	坡度允许值（高度比）	
		坡高在 8m 以下	坡高 8～15m
硬质岩石	微风化	1：0.10～1：0.20	1：20～1：0.35
	中等风化	1：0.20～1：0.35	1：0.35～1：0.50
	强风化	1：0.35～1：0.50	1：0.50～1：0.75
软质岩石	微风化	1：0.35～1：0.50	1：0.50～1：0.75
	中等风化	1：0.50～1：0.75	1：0.75～1：1.00
	强风化	1：0.75～1：1.00	1：1.00～1：1.25

6）填方的边坡坡度应根据填方高度、土的种类及其重要性在设计中加以规定。用黄土或类黄土填筑重要的填方时，其边坡坡度可参考表 3-12。

表 3-12　黄土或类黄土填筑重要填方的边坡坡度

填土高度（m）	自地面起高度（m）	边坡坡度
6～9	0～3	1：1.75
	3～9	1：1.50
9～12	0～3	1：2.00
	3～6	1：1.75
	6～12	1：1.50

（2）栽植花木工程量计算常用数据

1）栽植穴、槽的规格见表 3-13～表 3-19。

表 3-13　常绿乔木类种植穴规格　　　　单位：cm

树　高	土球直径	种植穴深度	种植穴直径
150	40～50	50～60	80～90
150～250	70～80	80～90	100～110
250～400	80～100	90～110	120～130
400 以上	140 以上	120 以上	180 以上

表 3-14　落叶乔木类种植穴规格　　　　单位：cm

胸径	种植穴深度	种植穴直径	胸径	种植穴深度	种植穴直径
2～3	30～40	40～60	5～6	60～70	80～90
3～4	40～50	60～70	6～8	70～80	90～100
4～5	50～60	70～80	8～10	80～90	100～110

表 3-15　花灌木类种植穴规格　　　　　　　　　　　单位：cm

树　高	土球（直径×高）	圆坑（直径×高）	说明
1.2～1.5	30×20	60×40	
1.5～1.8	40×30	70×50	3 株以上
1.8～2.0	50×30	80×50	
2.0～2.5	70×40	90×60	

表 3-16　竹类种植穴规格　　　　　　　　　　　单位：cm

种植穴深度	种植穴直径
大于盘根或土球（块）厚度 20～40	大于盘根或土球（块）直径 40～60

表 3-17　绿篱类种植穴规格　　　　　　　　　　　单位：cm

种植高度	单　行	双　行
30～50	30×40	40×60
50～80	40×40	40×60
100～120	50×50	50×70
120～150	60×60	60×80

表 3-18　裸根花灌木类挖种植穴规格　　　　　　　　单位：cm

灌木高度	种植穴直径	种植穴深度	灌木高度	种植穴直径	种植穴深度
120～150	60	40	180～200	80	60
150～180	70	50			

表 3-19　裸根乔木挖种植穴规格　　　　　　　　　　单位：cm

乔木胸径	种植穴直径	种植穴深度	乔木胸径	种植穴直径	种植穴深度
3～4	60～70	40～50	6～8	90～100	70～80
4～5	70～80	50～60	8～10	100～110	80～90
5～6	80～90	60～70			

2）掘苗。常绿树掘土球苗规格见表 3-20。

表 3-20　针叶常绿树土球苗的规格要求　　　　　单位：cm

苗木高度	土球直径	土球纵径	备注
苗高 80~120	25~30	20	主要为绿篱苗
苗高 120~150	30~35	25~30	柏类绿篱苗
	40~50	—	松类
苗高 150~200	40~45	40	柏类
	50~60	40	松类
苗高 200~250	50~60	45	柏类
	60~70	45	松类
苗高 250~300	70~80	50	夏季放大一个规格
苗高 400 以上	100	70	夏季放大一个规格

花灌木类土球苗挖种植穴规格见表 3-21。

表 3-21　花灌木类土球苗挖种植穴规格　　　　　单位：cm

灌木高度	种植穴直径	种植穴深度
120~150	60	40
150~180	70	50
180~200	80	60

带土球苗的起苗规格应符合表 3-22 的规定。

表 3-22　带土球苗的起苗规格　　　　　单位：cm

苗木高度	土球规格	
	横径	纵径
<100	30	20
101~200	40~50	30~40
201~300	50~70	40~60
301~400	70~90	60~80
401~500	90~110	80~90

(3) 各类苗木的质量标准

1) 乔木类常用苗木产品主要规格质量标准见表 3-23。

表 3-23　乔木类常用苗木产品的主要规格质量标准

类型	树种	树高（m）	干径（m）	苗龄（a）	冠径（m）	分枝点高（m）	移植次数（次）
常绿针叶乔木	南洋杉	2.5～3	—	6～7	1.0	—	2
	冷杉	1.5～2	—	7	0.8	—	2
	雪松	2.5～3	—	6～7	1.5	—	2
	柳杉	2.5～3	—	5～6	1.5	—	2
	云杉	1.5～2	—	7	0.8	—	2
	侧柏	2～2.5	—	5～7	1.0	—	2
	罗汉松	2～2.5	—	6～7	1.0	—	2
	油松	1.5～2	—	8	1.0	—	3
	白皮松	1.5～2	—	6～10	1.0	—	2
	湿地松	2～2.5	—	3～4	1.5	—	2
	马尾松	2～2.5	—	4～5	1.5	—	2
	黑松	2～2.5	—	6	1.5	—	2
	华山松	1.5～2	—	7～8	1.5	—	3
	圆柏	2.5～3	—	7	0.8	—	3
	龙柏	2～2.5	—	5～8	0.8	—	2
	铅笔柏	2.5～3	—	6～10	0.6	—	3
	榧树	1.5～2	—	5～8	0.6	—	2
落叶针叶乔木	水松	3.0～3.5	—	4～5	1.0	—	2
	水杉	3.0～3.5	—	4～5	1.0	—	2
	金钱松	3.0～3.5	—	6～8	1.2	—	2
	池杉	3.0～3.5	—	4～5	1.0	—	2
	落羽杉	3.0～3.5	—	4～5	1.0	—	2

续表 3-23

类型		树种	树高（m）	干径（m）	苗龄（a）	冠径（m）	分枝点高（m）	移植次数（次）
常绿阔叶乔木		羊蹄甲	2.5～3	3～4	4～5	1.2	—	2
		榕树	2.5～3	4～6	5～6	1.0	—	2
		黄桷树	3～3.5	5～8	5	1.5	—	2
		女贞	2～2.5	3～4	4～5	1.2	—	1
		广玉兰	3.0	3～4	4～5	1.5	—	2
		白兰花	3～3.5	5～6	5～7	1.0	—	2
		芒果	3～3.5	5～6	5	1.5	—	2
		香樟	2.5～3	3～4	4～5	1.2	—	2
		蚊母	2	3～4	5	0.5	—	3
		桂花	1.5～2	3～4	4～5	1.5	—	2
		山茶花	1.5～2	3～4	5～6	1.5	—	2
		石楠	1.5～2	3～4	5	1.0	—	2
		枇杷	2～2.5	3～4	3～4	5～6	—	2
落叶阔叶乔木	大乔木	银杏	2.5～3	2	15～20	1.5	2.0	3
		绒毛白蜡	4～6	4～5	6～7	0.8	5.0	2
		悬铃木	2～2.5	5～7	4～5	1.5	3.0	2
		毛白杨	6	4～5	4	0.8	2.5	1
		臭椿	2～2.5	3～4	3～4	0.8	2.5	1
		三角枫	2.5	2.5	8	0.8	2.0	2
		元宝枫	2.5	3	5	0.8	2.0	2
		洋槐	6	3～4	6	0.8	2.0	2
		合欢	5	3～4	6	0.8	2.5	2
		栾树	4	5	6	0.8	2.5	2

续表 3-23

类型		树种	树高（m）	干径（m）	苗龄（a）	冠径（m）	分枝点高（m）	移植次数（次）
落叶阔叶乔木	大乔木	七叶树	3	3.5～4	4～5	0.8	2.5	3
		国槐	4	5～6	8	0.8	2.5	2
		无患子	3～3.5	3～4	5～6	1.0	3.0	1
		泡桐	2～2.5	3～4	2～3	0.8	2.5	1
		枫杨	2～2.5	3～4	3～4	0.8	2.5	1
		梧桐	2～2.5	3～4	4～5	0.8	2.0	2
		鹅掌楸	3～4	3～4	4～6	0.8	2.5	2
		木棉	3.5	5～8	5	0.8	2.5	2
		垂柳	2.5～3	4～5	2～3	0.8	2.5	2
		枫香	3～3.5	3～4	4～5	0.8	2.5	2
		榆树	3～4	3～4	3～4	1.5	2	2
		榔榆	3～4	3～4	6	1.5	2	3
		朴树	3～4	3～4	5～6	1.5	2	2
		乌桕	3～4	3～4	6	2	2	2
		楝树	3～4	3～4	4～5	2	2	2
		杜仲	4～5	3～4	6～8	2	2	3
		麻栎	3～4	3～4	5～6	2	2	2
		榉树	3～4	3～4	8～10	2	2	3
		重阳木	3～4	3～4	5～6	2	2	2
		梓树	3～4	3～4	5～6	2	2	2
	中小乔木	白玉兰	2～2.5	2～3	4～5	0.8	0.8	1
		紫叶李	1.5～2	1～2	3～4	0.8	0.4	2
		樱花	2～2.5	1～2	3～4	1	0.8	2
		鸡爪槭	1.5	1～2	4	0.8	1.5	2
		西府海棠	3	1～2	4	1.0	0.4	2
		大花紫薇	1.5～2	1～2	3～4	0.8	1.0	1
		石榴	1.5～2	1～2	3～4	0.8	0.4～0.5	2
		碧桃	1.5～2	1～2	3～4	1.0	0.4～0.5	1
		丝棉木	2.5	2	4	1.5	0.8～1	1
		垂枝榆	2.5	4	7	1.5	2.5～3	2
		龙爪槐	2.5	4	10	1.5	2.5～3	3
		毛刺槐	2.5	4	3	1.5	1.5～2	1

2) 灌木类常用苗木产品的主要规格质量标准见表 3-24。

表 3-24　灌木类常用苗木产品的主要规格质量标准

类型		树种	树高（m）	苗龄（a）	蓬径（m）	主枝数（个）	移植次数（次）	主条长（m）	基径（cm）
常绿针叶灌木	匍匐型	爬地柏	—	4	0.6	3	2	1～1.5	1.5～2
		沙地柏	—	4	0.6	3	2	1～1.5	1.5～2
	丛生型	千头柏	0.8～1.0	5～6	0.5	—	1	—	—
		线柏	0.6～0.8	4～5	0.5	—	1	—	—
常绿阔叶灌木	丛生型	月桂	1～1.2	4～5	0.5	3	1～2	—	—
		海桐	0.8～1.0	4～5	0.8	3～5	1～2	—	—
		夹竹桃	1～1.5	2～3	0.5	3～5	1～2	—	—
		含笑	0.6～0.8	4～5	0.5	3～5	2	—	—
		米仔兰	0.6～0.8	5～6	0.6	3	2	—	—
		大叶黄杨	0.6～0.8	4～5	0.6	3	2	—	—
		锦熟黄杨	0.3～0.5	3～4	0.3	3	1	—	—
		云绵杜鹃	0.3～0.5	3～4	0.3	5～8	1～2	—	—
		十大功劳	0.3～0.5	3	0.3	3～5	1	—	—
		栀子花	0.3～0.5	2～3	0.3	3～5	1	—	—
		黄蝉	0.6～0.8	3～4	0.6	3～5	1	—	—
		南天竹	0.3～0.5	2～3	0.3	3	1	—	—
		九里香	0.6～0.8	4	0.6	3～5	1～2	—	—
		八角金盘	0.5～0.6	3～4	0.5	2	1	—	—
		枸骨	0.6～0.8	5	0.6	3～5	2	—	—
		丝兰	0.3～0.4	3～4	0.5	—	2	—	—
	单干型	高接大叶黄杨	2	—	3	3	2	—	3～4

续表 3-24

类型		树种	树高（m）	苗龄（a）	蓬径（m）	主枝数（个）	移植次数（次）	主条长（m）	基径（cm）
落叶阔叶灌木	丛生型	榆叶梅	1.5	3～5	0.8	5	2	—	—
		珍珠梅	1.5	5	0.8	6	1	—	—
		黄刺梅	1.5～2.0	4～5	0.8～1.0	6～8	1	—	—
		玫瑰	0.8～1.0	4～5	0.5～0.6	5	1	—	—
		贴梗海棠	0.8～1.0	4～5	0.8～1.0	5	1	—	—
		木槿	1～1.5	2～3	0.5～0.6	5	1	—	—
		太平花	1.2～1.5	2～3	0.5～0.8	6	1	—	—
		红叶小檗	0.8～1.0	3～5	0.5	6	1	—	—
		棣棠	1～1.5	6	0.8	6	1	—	—
		紫荆	1～1.2	6～8	0.8～1.0	5	1	—	—
		锦带花	1.2～1.5	2～3	0.5～0.8	6	1	—	—
		腊梅	1.5～2.0	5～6	1～1.5	8	1	—	—
		溲疏	1.2	3～5	0.6	5	1	—	—
		金根木	1.5	3～5	0.8～1.0	5	1	—	—
		紫薇	1～1.5	3～5	0.8～1.0	5	1	—	—
		紫丁香	1.2～1.5	3	0.6	5	1	—	—
		木本绣球	0.8～1.0	4	0.6	5	1	—	—
		麻叶绣线菊	0.8～1.0	4	0.8～1.0	5	1	—	—
		猬实	0.8～1.0	3	0.8～1.0	7	1	—	—
	单干型	红花紫薇	1.5～2.0	3～5	0.8	5	1	—	3～4
		榆叶梅	1～1.5	5	0.8	5	1	—	3～4
		白丁香	1.5～2.0	3～5	0.8	5	1	—	3～4
		碧桃	1.5～2.0	4	0.8	5	1	—	3～4
	蔓生型	连翘	0.5～1	1～3	0.8	5	—	1.0～1.5	—
		迎春	0.4～1	1～2	0.5	5	—	0.6～0.8	—

3）藤木类常用苗木产品主要规格质量标准见表3-25。

表 3-25　藤木类常用苗木产品主要规格质量标准

类型	树种	苗龄（a）	分枝数（支）	主蔓径（cm）	主蔓长（m）	移植次数（次）
常绿藤木	金银花	3～4	3	0.3	1.0	1
	络石	3～4	3	0.3	1.0	1
	常春藤	3	3	0.3	1.0	1
	鸡血藤	3	2～3	1.0	1.5	1
	扶芳藤	3～4	3	1.0	1.0	1
	三角花	3～4	4～5	1.0	1～1.5	1
	木香	3	3	0.8	1.2	1
落叶藤叶	猕猴桃	3	4～5	0.5	2～3	1
	南蛇藤	3	4～5	0.5	1.0	1
	紫藤	4	4～5	1.0	1.5	1
	爬山虎	1～2	3～4	0.5	2～2.5	1
	野蔷薇	1～2	3	1.0	1.0	1
	凌霄	3	4～5	0.8	1.5	1
	葡萄	3	4～5	1.0	2～3	1

4）竹类常用苗木产品主要规格质量标准见表3-26。

5）棕榈类等特种苗木产品主要规格质量标准见表3-27。

表 3-26　竹类常用苗木产品主要规格质量标准

类型	树种	苗龄（a）	母竹分枝数（支）	竹鞭长（cm）	竹鞭个数（个）	竹鞭芽眼数（个）
散生竹	紫竹	2～3	2～3	＞0.3	＞2	＞2
	毛竹	2～3	2～3	＞0.3	＞2	＞2
	方竹	2～3	2～3	＞0.3	＞2	＞2
	淡竹	2～3	2～3	＞0.3	＞2	＞2
丛生竹	佛肚竹	2～3	1～2	＞0.3	—	2
	凤凰竹	2～3	1～2	＞0.3	—	2
	粉箪竹	2～3	1～2	＞0.3	—	2
	撑篙竹	2～3	1～2	＞0.3	—	2
	黄金间碧竹	3	2～3	＞0.3	—	2
混生竹	倭竹	2～3	2～3	＞0.3	—	＞1
	苦竹	2～3	2～3	＞0.3	—	＞1
	阔叶箬竹	2～3	2～3	＞0.3	—	＞1

表 3-27　棕榈类等特种苗木产品主要规格质量标准

类型	树种	树高 (m)	灌高 (m)	树龄 (a)	基径 (cm)	冠径 (m)	蓬径 (m)	移植次数 (次)
乔木型	棕榈	0.6～0.8	—	7～8	6～8	1	—	2
	椰子	1.5～2	—	4～5	15～20	1	—	2
	王棕	1～2	—	5～6	6～10	1	—	2
	假槟榔	1～1.5	—	4～5	6～10	1	—	2
	长叶刺葵	0.8～1.0	—	4～6	6～8	1	—	2
	油棕	0.8～1.0	—	4～5	6～10	1	—	2
	蒲葵	0.6～0.8	—	8～10	10～12	1	—	2
	鱼尾葵	1.0～1.5	—	4～6	6～8	1	—	2
灌木型	棕竹	—	0.6～0.8	5～6	—	—	0.6	2
	散尾葵	—	0.8～1	4～6	—	—	0.8	2

3.1.4　绿化工程工程量计算与清单编制实例

【例 3-1】　某市街心公园内有一块绿地，其整理施工场地的地形方格网如图 3-3 所示，方格网边长为 20m，试求该园林工程施工土方量。

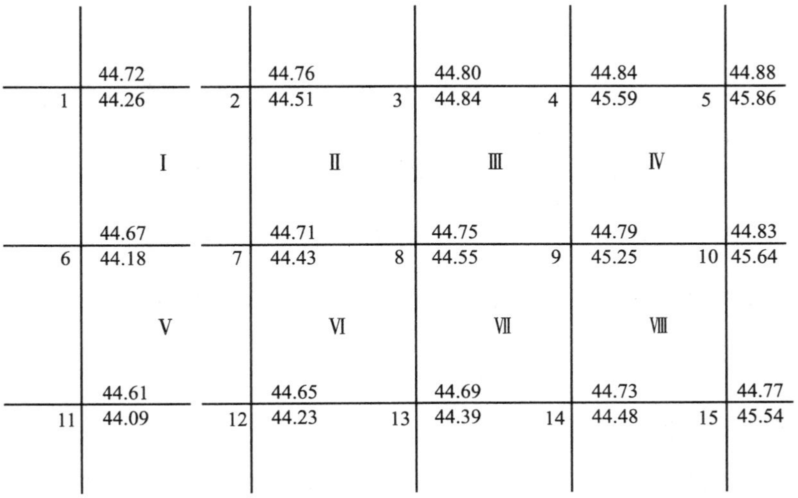

图 3-3　绿地整理施工场地方格网

【解】

(1) 根据方格网各角点地面标高和设计标高，计算施工高度，如图 3-4 所示。

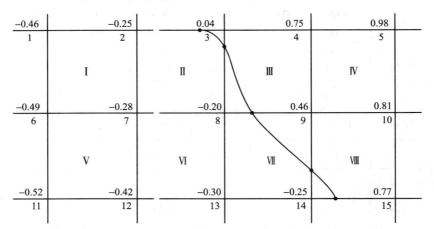

图 3-4　方格网各角点的施工高度及零线

(2) 计算零点，求零线：

如图 3-4 所示，边线 2-3、3-8、8-9、9-14、14-15 上，角点的施工高度符号改变，说明这些边线上必有零点存在，按公式可计算各零点位置如下：

2-3 线，$x_{2-3} = \dfrac{0.25}{0.25+0.04} \times 20 = 17.24$（m）

3-8 线，$x_{3-8} = \dfrac{0.04}{0.04+0.20} \times 20 = 3.33$（m）

8-9 线，$x_{8-9} = \dfrac{0.20}{0.20+0.46} \times 20 = 6.06$（m）

9-14 线，$x_{9-14} = \dfrac{0.46}{0.46+0.05} \times 20 = 12.96$（m）

14-15 线，$x_{14-15} = \dfrac{0.25}{0.25+0.77} \times 20 = 4.9$（m）

将所求零点位置连接起来，便是零线，即表示挖方和填方的分界线，如图 3-4 所示。

(3) 计算各方格网的土方量：

1) 方格网Ⅰ、Ⅴ、Ⅵ均为四方填方，则：

方格Ⅰ：$V_{\text{I}}^{(-)} = \dfrac{a^2}{4}\sum h = \dfrac{20^2}{4} \times (0.46+0.25+0.49+0.28) = 148$（m³）

方格Ⅴ：$V_{\text{V}}^{(-)} = \dfrac{20^2}{4} \times (0.49+0.28+0.52+0.42) = 171$（m³）

方格Ⅵ：$V_{\text{VI}}^{(-)} = \dfrac{20^2}{4} \times (0.28+0.2+0.42+0.30) = 120$（m³）

2) 方格Ⅳ为四方挖方，则：

$$V_{\text{VI}}^{(+)} = \dfrac{20^2}{4} \times (0.75+0.98+0.46+0.81) = 300\ （\text{m}^3）$$

3) 方格Ⅱ、Ⅶ为三点填方一点挖方，计算图形如图 3-5 所示。

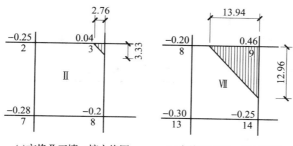

(a)方格Ⅱ三填一挖方格网　　(b)方格Ⅶ三填一挖方格网

图 3-5　三填一挖方格网

方格Ⅱ:

$$V_{Ⅱ}^{(+)} = \frac{bc}{6}\sum h = \frac{2.76 \times 3.33}{6} \times 0.04 = 0.06 \ (\text{m}^3)$$

$$V_{Ⅱ}^{(-)} = \left(a^2 - \frac{bc}{2}\right)\frac{\sum h}{5} = \left(20^2 - \frac{2.76 \times 3.33}{2}\right) \times \left(\frac{0.25 + 0.28 + 0.20}{5}\right)$$
$$= 57.73 \ (\text{m}^3)$$

方格Ⅶ:

$$V_{Ⅶ}^{(+)} = \frac{13.94 \times 12.96}{6} \times 0.46 = 13.85 \ (\text{m}^3)$$

$$V_{Ⅶ}^{(-)} = \left(20^2 - \frac{13.94 \times 12.96}{2}\right) \times \left(\frac{0.2 + 0.3 + 0.25}{5}\right) = 46.45 \ (\text{m}^3)$$

4) 方格Ⅲ、Ⅷ为三点挖方一点填方, 如图 3-6 所示。

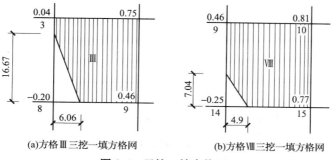

(a)方格Ⅲ三挖一填方格网　　(b)方格Ⅷ三挖一填方格网

图 3-6　三挖一填方格网

方格Ⅲ:

$$V_{Ⅲ}^{(+)} = \left(a^2 - \frac{bc}{2}\right)\frac{\sum h}{5} = \left(20^2 - \frac{16.67 \times 6.06}{2}\right) \times \left(\frac{0.04 + 0.75 + 0.46}{5}\right)$$
$$= 87.37 \ (\text{m}^3)$$

$$V_{Ⅲ}^{(-)} = \frac{bc}{6}h = \frac{16.67 \times 6.06}{6} \times 0.2 = 3.37 \ (\text{m}^3)$$

方格Ⅷ:

$$V_{Ⅷ}^{(+)} = \left(a^2 - \frac{bc}{2}\right)\frac{\sum h}{5} = \left(20^2 - \frac{7.04 \times 4.9}{2}\right) \times \left(\frac{0.46 + 0.81 + 0.477}{5}\right)$$
$$= 156.16 \ (\text{m}^3)$$

$$V_{\text{Ⅷ}}^{(-)} = \frac{bc}{6}h = \frac{7.04 \times 4.9}{6} \times 0.25 = 1.44 \text{（m}^3\text{）}$$

（4）将以上计算结果汇总于表 3-28，并求余（缺）土外运（内运）量。

表 3-28　土方工程量汇总表　　　　　　　　单位：m³

方格网号	Ⅰ	Ⅱ	Ⅲ	Ⅳ	Ⅴ	Ⅵ	Ⅶ	Ⅷ	合计
挖方	—	0.06	87.37	300	—	—	13.85	156.16	557.44
填方	148	57.73	3.37	—	171	120	46.45	1.44	547.99
土方外运					$V = 557.44 - 547.99 = +9.45$				

【例 3-2】　如图 3-7 所示为某小区绿化中"S"形绿化色带示意图，半弧长为 8m，宽 2m。栽植金边黄杨，株高 40cm，栽植密度为 20 株/m²，试求其工程量（二类土，养护期为 1 年）。

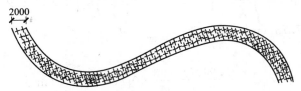

图 3-7　"S"形绿化色带示意图

【解】

（1）清单工程量

1）平整场地：

平整场地面积＝弧长×宽

＝8×2×2＝32（m²）

2）栽植色带：

"S"形绿化色带面积＝8×2×2＝32（m²）

分部分项工程和单价措施项目清单与计价表见表 3-29。

表 3-29　分部分项工程和单价措施项目清单与计价表

工程名称：

序号	项目编码	项目名称	项目特征描述	计量单位	工程量	金额（元）	
						综合单价	合价
1	050101010001	整理绿化用地	二类土	m²	32		
2	050102007001	栽植色带	1. 栽植金边黄杨 2. 株高 40cm 3. 栽植密度为 20 株/m² 4. 养护期为 1 年	m²	32		

（2）定额工程量

1）人工整理绿化用地：32m²，色带高度 0.8m 以内，套用《全国统一仿古建筑及园林工程预算定额》，以下简称定额 1-1。

2）栽植色带：3.2（10m²），套用定额 2-24。

【例 3-3】　如图 3-8 所示为某草地中喷灌的局部平面示意图，管道长为 150m，管道埋于地下 800mm 处。其中管道采用镀锌钢管，公称直径为 90mm，阀门为低压塑料螺纹阀门，共安装 15 个，水表安装 2 组，均采用螺纹连接，为换向摇臂喷头、微喷，管道刷红丹防锈漆两遍，请计算喷灌管线安装的清单工程量。

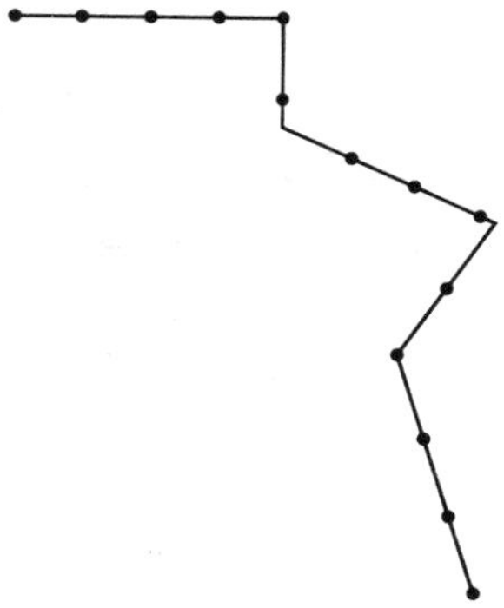

【解】

（1）清单工程量

1）喷灌管线安装：150m。

2）喷灌配件安装：14 个。

图 3-8　喷泉局部平面示意图

分部分项工程和单价措施项目清单与计价表见表 3-30。

表 3-30　分部分项工程和单价措施项目清单与计价表

工程名称：

序号	项目编码	项目名称	项目特征描述	计量单位	工程量	金额（元）	
						综合单价	合价
1	050103001001	喷灌管线安装	1. 管道长为 150m 2. 管道埋于地下 800mm 处	m	150		
2	050103002001	喷灌配件安装	1. 镀锌钢管，公称直径 90mm 2. 低压塑料螺纹阀门 3. 管道刷红丹防锈漆两遍	个	14		

（2）定额工程量

1）挖土石方：

$$V = 0.09 \times 150 \times 0.8 = 10.8 \ (\text{m}^3)$$

套用定额 1-4。

2）素土夯实：

$$V = 0.09 \times 150 \times 0.15 = 2.03 \ (\text{m}^3)$$

3）管道安装 150m（单位：m）（镀锌钢管）：

由于管道公称直径为 90mm，在 100mm 之内，套用定额 5-9。

4）阀门安装 15 个（单位：个）：

低压塑料螺纹阀门，外径在 32mm 以内，套用定额 5-65。

5）水表安装 2 组（单位：组）：

水表采用螺纹连接，公称直径在 40mm 以内，套用定额 5-77。

6）喷灌喷头安装 14 个（单位：个）：

喷灌喷头为换向摇臂喷头，套用定额 5-83，微喷套用定额 5-87。

7）刷红丹防锈漆两道 15（10m）（单位：10m）：

图 3-9　绿篱示意图

公称直径在 100mm 以内，套用定额 5-98。

【例 3-4】　如图 3-9 所示为某小区绿化中的局部绿篱示意图，分别计算单排绿篱、双排绿篱、4 排绿篱及 6 排绿篱工程量。

【解】

（1）清单工程量

有工程量清单计算规则可知，单排绿篱、双排绿篱均按设计图示长度以"m"计算，而多排则按设计图示以"m²"计算，则有：

1）单排绿篱工程量：20m。

2）双排绿篱工程量：

$$20×2＝40（m）$$

3）4 排绿篱工程量：

$$20×0.82×4＝65.65（m^2）$$

4）6 排绿篱工程量：

$$20×0.82×6＝98.4（m^2）$$

分部分项工程和单价措施项目清单与计价表见表 3-31。

表 3-31　分部分项工程和单价措施项目清单与计价表

工程名称：

序号	项目编码	项目名称	项目特征描述	计量单位	工程量	金额（元）	
						综合单价	合价
1	050102005001	栽植绿篱	单排	m	20		
2	050102005002	栽植绿篱	双排	m	40		
3	050102005003	栽植绿篱	4 排	m²	65.65		
4	050102005004	栽植绿篱	6 排	m²	98.4		

（2）定额工程量

定额工程量同清单工程量。

【例 3-5】 某公园进行局部绿化施工，整体为草地及踏步，踏步厚度为 150mm，灰土厚度为 250mm，如图 3-10 所示。试计算铺种草皮、踏步现浇混凝土及灰土垫层的工程量。

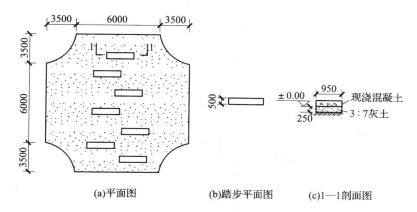

(a)平面图   (b)踏步平面图   (c)1—1剖面图

图 3-10   某公园局部绿化示意图

【解】

（1）清单工程量

1）铺种草皮：

$$S=（3.5\times2+6)^2-\frac{3.14\times3.5^2}{4}\times4-0.95\times0.5\times7=127.21（\text{m}^2）$$

2）现浇混凝土踏步：

$$V=Sh=0.95\times0.5\times0.15\times7=0.50（\text{m}^3）$$

3）垫层（3：7灰土垫层工程量）：

$$0.95\times0.5\times0.25\times7=0.83（\text{m}^3）$$

分部分项工程和单价措施项目清单与计价表见表 3-32。

表 3-32   分部分项工程和单价措施项目清单与计价表

工程名称：

序号	项目编码	项目名称	项目特征描述	计量单位	工程量	金额（元）	
						综合单价	合价
1	050102012001	铺种草皮	铺种草坪	m²	127.21		
2	010507007001	其他构件	现浇混凝土踏步	m³	0.50		
3	010501001001	垫层	3：7灰土垫层	m³	0.83		

（2）定额工程量

定额工程量同清单工程量。

【例 3-6】　如图 3-11 所示为某小区绿化局部示意图，以栽植花木为主，各种花木已在图中标出，求工程量（养护期均为 3 年）。

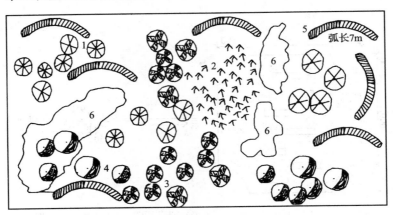

弧长7m

图 3-11　某小区绿化局部示意图

1—乔木；2—竹类；3—棕榈类；4—灌木；5—绿篱；6—攀缘植物

注：攀缘植物约 120 株。

【解】

（1）清单工程量

1）栽植乔木 14 株。

2）栽植竹类 1 丛。

3）栽植棕榈类 15 株。

4）栽植灌木 11 株。

5）栽植绿篱 7×7＝49（m）。

6）栽植攀缘植物 120 株。

分部分项工程和单价措施项目清单与计价表见表 3-33。

表 3-33　分部分项工程和单价措施项目清单与计价表

工程名称：

序号	项目编码	项目名称	项目特征描述	计量单位	工程量	金额（元）	
						综合单价	合价
1	050102001001	栽植乔木	养护期 3 年	株	14		
2	050102003001	栽植竹类	养护期 3 年	丛	1		
3	050102004001	栽植棕榈类	养护期 3 年	株	15		
4	050102002001	栽植灌木	养护期 3 年	株	11		
5	050102005001	栽植绿篱	7 行，养护 3 年	m	49		
6	050102006001	栽植攀缘植物	养护 3 年	株	120		

（2）定额工程量

1）栽植乔木 14 株。

①普坚土种植裸根乔木胸径 5cm 以内、7cm 以内、10cm 以内、12cm 以内、15cm 以内、20cm 以内、25cm 以内分别套定额 2-1、2-2、2-3、2-4、2-5、2-6、2-7。

②砂砾坚土种植裸根乔木胸径 5cm 以内、7cm 以内、10cm 以内、13cm 以内、15cm 以内、20cm 以内、25cm 以内分别套定额 2-44、2-45、2-46、2-47、2-48、2-49、2-50。

2）丛生栽植竹类 1 丛。

①普坚土种植：

丛生竹球径 50cm×40cm、70cm×50cm、80cm×60cm 分别套定额 2-36、2-37、2-38。

②砂砾坚土种植：

丛生竹球径 50cm×40cm、70cm×50cm、80cm×60cm 分别套定额 2-79、2-80、2-81。

3）栽植灌木 11 株。

a. 普坚土种植裸根灌木高度 1.5m 以内、1.8m 以内、2m 以内、2.5m 以内分别套定额 2-8、2-9、2-10、2-11。

b. 砂砾坚土种植裸根灌木高度 1.5m 以内、1.8m 以内、2m 以内、2.5m 以内分别套用定额 2-51、2-52、2-53、2-54。

4）栽植绿篱 49m。

a. 砂砾坚土种植：

（a）绿篱单行高度 0.6m、0.8m、1m、1.2m、1.5m、2m 以内分别套定额 2-55、2-56、2-57、2-58、2-59、2-60。

（b）绿篱双行高度 0.6m、0.8m、1m、1.2m、1.5m、2m 以内分别套定额 2-61、2-62、2-63、2-64、2-65、2-66。

b. 普坚土种植：

（a）绿篱单行高度 0.6m、0.8m、1m、1.2m、1.5m、2m 以内分别套定额 2-12、2-13、2-14、2-15、2-16、2-17。

（b）绿篱双行高度 0.6m、0.8m、1m、1.2m、1.5m、2m 以内分别套定额 2-18、2-19、2-20、2-21、2-22、2-23。

5）栽植攀缘植物 12（10 株）（单位为 10 株）。

攀缘植物生长年限 3 年生长、4 年生长、5 年生长、6～8 年生长分别套定额 2-87、2-88、2-89、2-90。

【例 3-7】 某公共绿地，因工程建设需要，需进行重建。绿地面积为 300m²，原有 20 株乔木需要伐除，其胸径 18cm、地径 25cm；绿地需要进行土方堆土造型计 180m³，平均堆土高度 60cm；新种植树种为：香樟 30 株，胸径 25cm、冠径 300～350cm；新铺草坪为：百慕大满铺 300m²，苗木养护期均为一年。试列出该绿化工程分部分项工程量清单。

【解】

（1）砍伐乔木：20 株。

（2）整理绿化用地：300m²。

（3）绿地起坡造型：180m³。

（4）栽植乔木：30 株。

（5）铺种草皮：300m²。

分部分项工程和单价措施项目清单与计价表见表 3-34。

表 3-34　分部分项工程和单价措施项目清单与计价表

工程名称：某公园绿地工程

序号	项目编码	项目名称	项目特征描述	计量单位	工程量	金额（元）	
						综合单价	合价
1	050101001001	砍伐乔木	树干胸径：18cm	株	20		
2	050101010001	整理绿化用地	1. 回填土质要求：富含有机质种植土 2. 取土运距：根据场内挖填平衡，自行考虑土源及运距 3. 回填厚度：≤30cm 4. 弃渣运距：自行考虑	m²	300		
3	050101011001	绿地起坡造型	1. 回填土质要求：富含有机质种植土 2. 取土运距：自行考虑 3. 起坡平均高度：60cm	m³	180		
4	050102001001	栽植乔木	1. 种类：香樟 2. 胸径：25cm 3. 冠径：300cm～350cm 4. 养护期：一年	株	30		
5	050102012001	铺种草皮	1. 草皮种类：百慕大 2. 铺种方式：满铺 3. 养护期：一年	m²	300		

【例 3-8】　如图 3-12 所示为某局部绿化示意图，共有 4 个入口，有 4 个一样大小的花坛，请计算铺种草皮（满铺）、喷播植草（灌木）籽的清单工程量（养护期均为两年）。

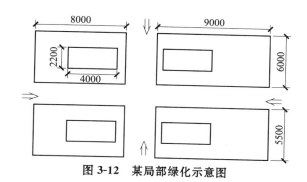

图 3-12 某局部绿化示意图

【解】

（1）清单工程量

1）铺种草皮：

$$S = 8 \times 6 + 9 \times 6 + 9 \times 5.5 + 8 \times 5.5 - 4 \times 2.2 \times 4 = 160.3 \ (\mathrm{m}^2)$$

2）喷播植草（灌木）籽：

$$S = 4 \times 2.2 \times 4 = 35.2 \ (\mathrm{m}^2)$$

分部分项工程和单价措施项目清单与计价表见表 3-35。

表 3-35 分部分项工程和单价措施项目清单与计价表

工程名称：

序号	项目编码	项目名称	项目特征描述	计量单位	工程量	金额（元）	
						综合单价	合价
1	050102012001	铺种草皮	1. 满铺草皮 2. 养护期为两年	m^2	160.3		
2	050102013001	喷播植草（灌木）籽	1. 灌木籽 2. 养护期为两年	m^2	35.2		

（2）定额工程量

定额工程量同清单工程量。

【例 3-9】 如图 3-13 所示为某屋顶花园示意图，找平层厚 170mm，防水层厚 160mm，过滤层厚 60mm，需填轻质土壤 160mm。求屋顶花园基底处理工程量。

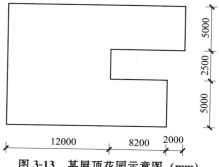

图 3-13 某屋顶花园示意图（mm）

【解】

(1) 清单工程量

$$S=(12+8.2+2)\times5+12\times2.5+(12+8.2)\times5=242（m^2）$$

分部分项工程和单价措施项目清单与计价表见表3-36。

表 3-36　分部分项工程和单价措施项目清单与计价表

工程名称：

序号	项目编码	项目名称	项目特征描述	计量单位	工程量	金额（元）	
						综合单价	合价
1	050101012001	屋顶花园基底处理	1. 找平层厚 170mm 2. 防水层厚 160mm 3. 过滤层厚 60mm 4. 需填轻质土壤 160mm	m²	242		

(2) 定额工程量

1) 找平层：242m²。

①找平层抹防水砂浆平面套用定额 1-33。

②找平层抹防水砂浆立面套用定额 1-34。

2) 防水层：242m²。

①SBS 弹性沥青防水层平面套用定额 1-36。

②SBS 弹性沥青防水层立面套用定额 1-37。

③SBS 改性沥青油毡防水层平面套用定额 1-38。

④SBS 改性沥青油毡防水层立面套用定额 1-39。

3) 过滤层：242m²。

①滤水层回填级配卵石套用定额 1-40。

②滤水层回填陶粒套用定额 1-41。

③滤水层土工布过滤层套用定额 1-42。

4) 轻质土壤：242×0.16=44.72（m³）

套用定额 1-49。

【例 3-10】　某公园绿地，共栽植广玉兰 38 株（胸径 7～8cm），旱柳 83 株（胸径 9～10cm）。试计算工程量，并填写分部分项工程量清单与计价表和工程量清单综合单价分析表。

【解】

根据施工图计算可知：

广玉兰（胸径 7～8cm），38 株，旱柳（胸径 9～10cm），83 株，共 121 株。

（1）广玉兰（胸径 7～8cm），38 株

1）普坚土种植（胸径 7～8cm）：

①人工费：14.37 元/株×38 株＝546.06（元）

②材料费：5.99 元/株×38 株＝227.62（元）

③机械费：0.34 元/株×38 株＝12.92（元）

④合计：786.6 元

2）普坚土掘苗，胸径 10cm 以内：

①人工费：8.47 元/株×38 株＝321.86（元）

②材料费：0.17 元/株×38 株＝6.46（元）

③机械费：0.20 元/株×38 株＝7.6（元）

④合计：335.92 元

3）裸根乔木客土（100×70）胸径 7～10cm：

①人工费：3.76 元/株×38 株＝142.88（元）

②材料费：0.55 元/株×5×38 株＝104.5（元）

③机械费：0.07 元/株×38 株＝2.66（元）

④合计：250.04 元

4）场外运苗，胸径 10cm 以内，38 株：

①人工费：5.15 元/株×38 株＝195.7（元）

②材料费：0.24 元/株×38 株＝9.12（元）

③机械费：7.00 元/株×38 株＝266（元）

④合计：470.82 元

5）广玉兰，（胸径 7～8cm）：

①材料费：76.5 元/株×38 株＝2907（元）

②合计：2907 元

6）综合：

①直接费小计：4750.38 元，其中人工费：1206.5 元

②管理费：4750.38 元×34%＝1615.13（元）

③利润：4750.38 元×8%＝380.03（元）

④小计：4750.38 元＋1615.13 元＋380.03 元＝6745.54（元）

⑤综合单价：6745.54 元÷38 株＝177.51（元/株）

（2）旱柳（胸径 9～10cm），83 株

1）普坚土种植（胸径 7～8cm）：

①人工费：14.37 元/株×83 株＝1192.71（元）

②材料费：5.99 元/株×83 株＝497.17（元）

③机械费：0.34 元/株×83 株＝28.22（元）

④合计：1718.1 元

2）普坚土掘苗，胸径 10cm 以内：

①人工费：8.47 元/株×83 株＝703.01（元）

②材料费：0.17 元/株×83 株＝14.11（元）

③机械费：0.20 元/株×83 株＝16.6（元）

④合计：733.72 元

3）裸根乔木客土（100×70）胸径 7～10cm：

①人工费：3.76 元/株×83 株＝312.08（元）

②材料费：0.55 元/株×5×83 株＝228.25（元）

③机械费：0.07 元/株×83 株＝5.81（元）

④合计：546.14 元

4）场外运苗，胸径 10cm 以内，38 株：

①人工费：5.15 元/株×83 株＝427.45（元）

②材料费：0.24 元/株×83 株＝19.92（元）

③机械费：7.00 元/株×83 株＝581（元）

④合计：1028.37 元

5）旱柳（胸径 9～10cm）：

①材料费：28.8 元/株×83 株＝2390.4（元）

②合计：2390.4 元

6）综合：

①直接费小计：6416.73 元，其中人工费：2635.25 元

②管理费：6416.73 元×34％＝2181.69（元）

③利润：6416.73 元×8％＝513.34（元）

④小计：6416.73 元＋2181.69 元＋513.34 元＝9111.76（元）

⑤综合单价：9111.76 元÷83 株＝109.78（元/株）

分部分项工程和单价措施项目清单与计价表及综合单价分析表，见表 3-37～表 3-39。

表 3-37　分部分项工程和单价措施项目清单与计价表

工程名称：公园绿地种植工程　　　　　　标段：　　　　　　　　　　第　页　共　页

序号	项目编号	项目名称	项目特征描述	计算单位	工程量	金额（元）		
						综合单价	合价	其中
								暂估价
1	050102001001	栽植乔木	广玉兰，胸径 7～8cm	株	38	177.51	6745.54	
2	050102001002	栽植乔木	旱柳，胸径 9～10cm	株	83	109.78	9111.76	
合　　计							15857.3	

表 3-38　综合单价分析表（一）

工程名称：公园绿地种植工程　　　　　　标段：　　　　　　　第　页　共　页

项目编码	050102001001		项目名称	栽植乔木	计量单位	m	工程量	38

综合单价组成明细

定额编号	定额名称	定额单位	数量	单价（元）				合价（元）			
				人工费	材料费	机械费	管理费和利润	人工费	材料费	机械费	管理费和利润
2—3	普坚土种植，胸径10cm以内	株	1	14.37	5.99	0.34	8.69	14.37	5.99	0.34	8.69
3—1	普坚土掘苗，胸径10cm以内	株	1	8.47	0.17	0.20	3.71	8.47	0.17	0.20	3.71
4—3	裸根乔木客土（100×70）胸径10cm以内	株	1	3.76	—	0.07	1.61	3.76	—	0.07	1.61
3—25	场外运苗，胸径10cm以内	株	1	5.15	0.24	7.00	5.21	5.15	0.24	7.00	5.21
—	广玉兰，胸径10cm以内	株	1	—	76.5	—	32.13	—	76.5	—	32.13
人工单价		小　计						31.75	82.9	7.61	51.35
30.81 元/工日		未计价材料费						3.9			
清单项目综合单价								177.51			

材料费明细	名称、规格、型号			单位	数量	单价（元）	合价（元）	暂估单价（元）	暂估合价（元）
	土			m³	0.78	5	3.9		
	其他材料费					—			
	材料费小计					—	3.9		

表 3-39 综合单价分析表（二）

工程名称：公园绿地种植工程　　　　　　标段：　　　　　　第　页　共　页

项目编码	050102001001	项目名称		栽植乔木	计量单位	m	工程量		83

综合单价组成明细

定额编号	定额名称	定额单位	数量	单价（元）				合价（元）			
				人工费	材料费	机械费	管理费和利润	人工费	材料费	机械费	管理费和利润
2—3	普坚土种植，胸径10cm以内	株	1	14.37	5.99	0.34	8.69	14.37	5.99	0.34	8.69
3—1	普坚土掘苗，胸径10cm以内	株	1	8.47	0.17	0.20	3.71	8.47	0.17	0.20	3.71
4—3	裸根乔木客土（100×70）胸径10cm以内	株	1	3.76	—	0.07	1.61	3.76	—	0.07	1.61
3—25	场外运苗，胸径10cm以内	株	1	5.15	0.24	7.00	5.21	5.15	0.24	7.00	5.21
—	旱柳，胸径9～10cm	株	1	—	28.8	—	12.10	—	28.8	—	12.10
人工单价		小　计						31.75	35.2	7.61	31.32
30.81元/工日		未计价材料费						3.9			
清单项目综合单价								109.78			

材料费明细	名称、规格、型号	单位	数量	单价（元）	合价（元）	暂估单价（元）	暂估合价（元）
	土	m³	0.78	5	3.9		
	其他材料费			—	—		
	材料费小计			—	3.9	—	

3.2 园路、园桥工程工程量计算及清单编制实例

3.2.1 园路、园桥工程清单工程量计算规则

1. 园路、园桥工程

园路、园桥工程工程量清单项目设置、项目特征描述的内容、计量单位及工程量计算规则，应按表 3-40 的规定执行。

表 3-40 园路、园桥工程（编码：050201）

项目编码	项目名称	项目特征	计量单位	工程量计算规则	工程内容
050201001	园路	1. 路床土石类别 2. 垫层厚度、宽度、材料种类	m²	按设计图示尺寸以面积计算，不包括路牙	1. 路基、路床整理 2. 垫层铺筑 3. 路面铺筑 4. 路面养护
050201002	踏（蹬）道	3. 路面厚度、宽度、材料种类 4. 砂浆强度等级		按设计图示尺寸以水平投影面积计算，不包括路牙	
050201003	路牙铺设	1. 垫层厚度、材料种类 2. 路牙材料种类、规格 3. 砂浆强度等级	m	按设计图示尺寸以长度计算	1. 基层清理 2. 垫层铺设 3. 路牙铺设
050201004	树池围牙、盖板（箅子）	1. 围牙材料种类、规格 2. 铺设方式 3. 盖板材料种类、规格	1. m 2. 套	1. 以米计量，按设计图示尺寸以长度计算 2. 以套计量，按设计图示数量计算	1. 清理基层 2. 围牙、盖板运输 3. 围牙、盖板铺设
050201005	嵌草砖（格）铺装	1. 垫层厚度 2. 铺设方式 3. 嵌草砖（格）品种、规格、颜色 4. 漏空部分填土要求	m²	按设计图示尺寸以面积计算	1. 原土夯实 2. 垫层铺设 3. 铺砖 4. 填土
050201006	桥基础	1. 基础类型 2. 垫层及基础材料种类、规格 3. 砂浆强度等级	m³	按设计图示尺寸以体积计算	1. 垫层铺筑 2. 起重架搭、拆 3. 基础砌筑 4. 砌石

续表 3-40

项目编码	项目名称	项目特征	计量单位	工程量计算规则	工程内容
050201007	石桥墩、石桥台	1. 石料种类、规格 2. 勾缝要求 3. 砂浆强度等级、配合比	m³	按设计图示尺寸以体积计算	1. 石料加工 2. 起重架搭、拆 3. 墩、台、券石、脸砌筑 4. 勾缝
050201008	拱券石				
050201009	石券脸	1. 石料种类、规格 2. 券脸雕刻要求 3. 勾缝要求 4. 砂浆强度等级、配合比	m²	按设计图示尺寸以面积计算	
050201010	金刚墙砌筑		m³	按设计图示尺寸以体积计算	1. 石料加工 2. 起重架搭、拆 3. 砌石 4. 填土夯实
050201011	石桥面铺筑	1. 石料种类、规格 2. 找平层厚度、材料种类 3. 勾缝要求 4. 混凝土强度等级 5. 砂浆强度等级	m²	按设计图示尺寸以面积计算	1. 石材加工 2. 抹找平层 3. 起重架搭、拆 4. 桥面、桥面踏步铺设 5. 勾缝
050201012	石桥面檐板	1. 石料种类、规格 2. 勾缝要求 3. 砂浆强度等级、配合比			1. 石材加工 2. 檐板铺设 3. 铁锔、银锭安装 4. 勾缝
050201013	石汀步（步石、飞石）	1. 石料种类、规格 2. 砂浆强度等级、配合比	m³	按设计图示尺寸以体积计算	1. 基层整理 2. 石材加工 3. 砂浆调运 4. 砌石
050201014	木制步桥	1. 桥宽度 2. 桥长度 3. 木材种类 4. 各部位截面长度 5. 防护材料种类	m²	按桥面板设计图示尺寸以面积计算	1. 木桩加工 2. 打木桩基础 3. 木梁、木桥板、木桥栏杆、木扶手制作、安装 4. 连接铁件、螺栓安装 5. 刷防护材料

续表 3-40

项目编码	项目名称	项目特征	计量单位	工程量计算规则	工程内容
050201015	栈道	1. 栈道宽度 2. 支架材料种类 3. 面层木材种类 4. 防护材料种类	m²	按栈道面板设计图示尺寸以面积计算	1. 凿洞 2. 安装支架 3. 铺设面板 4. 刷防护材料

注：1. 园路、园桥工程的挖土方、开凿石方、回填等应按现行国家标准《市政工程工程量计算规范》GB 50857—2013 相关项目编码列项。

2. 如遇某些构配件使用钢筋混凝土或金属构件时，应按现行国家标准《房屋建筑与装饰工程工程量计算规范》GB 50854—2013 或《市政工程工程量计算规范》GB 50857—2013 相关项目编码列项。

3. 地伏石、石望柱、石栏杆、石栏板、扶手、撑鼓等应按现行国家标准《仿古建筑工程工程量计算规范》GB 50855—2013 相关项目编码列项。

4. 亲水（小）码头各分部分项项目按照园桥相应项目编码列项。

5. 台阶项目按现行国家标准《房屋建筑与装饰工程工程量计算规范》GB 50854—2013 相关项目编码列项。

6. 混合类构件园桥按现行国家标准《房屋建筑与装饰工程工程量计算规范》GB 50854—2013 或《通用安装工程工程量计算规范》GB 50856—2013 相关项目编码列项。

2. 驳岸、护岸

驳岸、护岸工程量清单项目设置、项目特征描述的内容、计量单位及工程量计算规则，应按表 3-41 的规定执行。

表 3-41 驳岸、护岸（编码：050202）

项目编码	项目名称	项目特征	计量单位	工程量计算规则	工程内容
050202001	石（卵石）砌驳岸	1. 石料种类、规格 2. 驳岸截面、长度 3. 勾缝要求 4. 砂浆强度等级、配合比	1. m³ 2. t	1. 以立方米计量，按设计图示尺寸以体积计算 2. 以吨计量，按质量计算	1. 石料加工 2. 砌石（卵石） 3. 勾缝
050202002	原木桩驳岸	1. 木材种类 2. 桩直径 3. 桩单根长度 4. 防护材料种类	1. m 2. 根	1. 以米计量，按设计图示桩长（包括桩尖）计算 2. 以根计量，按设计图示数量计算	1. 木桩加工 2. 打木桩 3. 刷防护材料

续表 3-41

项目编码	项目名称	项目特征	计量单位	工程量计算规则	工程内容
050202003	满（散）铺砂卵石护岸（自然护岸）	1. 护岸平均宽度 2. 粗细砂比例 3. 卵石粒径	1. m² 2. t	1. 以平方米计量，按设计图示尺寸以护岸展开面积计算 2. 以吨计量，按卵石使用质量计算	1. 修边坡 2. 铺卵石
050202004	点（散）布大卵石	1. 大卵石粒径 2. 数量	1. 块(个) 2. t	1. 以块（个）计量，按设计图数量计算 2. 以吨计量，按卵石使用质量计算	1. 布石 2. 安砌 3. 成型
050202005	框格花木护岸	1. 展开宽度 2. 护坡材质 3. 框格种类与规格	m²	按设计图示尺寸展开宽度乘以长度以面积计算	1. 修边坡 2. 安放框格

注：1. 驳岸工程的挖土方、开凿石方、回填等应按现行国家标准《房屋建筑与装饰工程工程计量计算规范》GB 50854—2013 相关项目编码列项。

2. 木桩钎（梅花桩）按原木桩驳岸项目单独编码列项。

3. 钢筋混凝土仿木桩驳岸，其钢筋混凝土及表面装饰按现行国家标准《房屋建筑与装饰工程工程计量计算规范》GB 50854—2013 相关项目编码列项，若表面"塑松皮"按"园林景观工程"相关项目编码列项。

4. 框格花木护岸的铺草皮、撒草籽等应按"绿化工程"相关项目编码列项。

3.2.2　园路、园桥工程定额工程量计算规则

1. 园路工程工程量计算

（1）整理路床

1）工作内容：厚度在 30cm 以挖、填、找平、夯实、整修，弃土于 2m 以外。

2）工程量：园路整理路床的工程量按路床的面积计算，以"10m²"计算。

（2）垫层

1）工作内容：筛土、浇水、拌和、铺设、找平、灌浆、捣实、养护。

2）工程量计算：园路垫层的工程量按不同垫层材料，以垫层的体积计算，计量单位为"m³"。垫层计算宽度应比设计宽度大 10cm，即两边各放宽 5cm。

（3）面层

1）工作内容：放线、整修路槽、夯实、修平垫层、调浆、铺面层、嵌缝、清扫。

2）工程量计算：按不同面层材料、厚度，以园路面层的面积计算。计量单位为"10m²"。

①卵石面层：按拼花、彩边素色分别列项，以"10m²"计算。

②混凝土面层：按纹形、水刷纹形、预制方格、预制异形、预制混凝土大块面层、预制混凝土假冰片面层、水刷混凝土路面分别列项，以"10m²"计算。

③八五砖面层：按平铺、侧铺分别列项，以"10m²"计算。

④石板面层：按方整石板面层、乱铺冰片石面层、瓦片、碎缸片、弹石片、小方碎石、六角板分别列项，以"10m²"计算。

（4）甬路

1）工作内容：园林建筑及公园绿地内的小型甬路、路牙、侧石等工程。定额中不包括刨槽、垫层及运土，可按相应项目定额执行。砌侧石、路缘石、砖、石及树穴是按1∶3白灰砂浆铺底、1∶3水泥砂浆勾缝考虑的。

2）工程量计算：

①侧石、路缘、路牙按实铺尺寸以"延长米"计算。

②庭园工程中的园路垫层按图示尺寸以"m³"计算。带路牙者，园路垫层宽度按路面宽度加20cm计算；无路牙者，园路垫层宽度按路面宽度加10cm计算；蹬道带山石挡土墙者，园路垫层宽度按蹬道宽度加120cm计算；蹬道无山石挡土墙者，园路垫层宽度按蹬道宽度加40cm计算。

③庭园工程中的园路定额是指庭院内的行人甬路、蹬道和带有部分踏步的坡道，不适用于厂、院及住宅小区内的道路，由垫层、路面、地面、路牙、台阶等组成。

④山丘坡道所包括的垫层、路面、路牙等项目，分别按相应定额子目的人工费乘以系数1.4计算，材料费不变。

⑤室外道路宽度在14m以内的混凝土路、停车场（厂、院）及住宅小区内的道路套用"建筑工程"预算定额；室外道路宽度在14m以外的混凝土路、停车场套用"市政道路工程"预算定额，沥青所有路面套用"市政道路工程"预算定额；庭院内的行人甬路、蹬道和带有部分踏步的坡道套用"庭院工程"预算定额。

⑥绿化工程中的住宅小区、公园中的园路套用"建筑工程"预算定额，园路路面面层以"m²"计算，垫层以"m³"计算；别墅中的园路大部分套用"庭院工程"预算定额。

2. 园桥工程工程量计算

（1）工作内容 选石、修石、运石，调、运、铺砂浆，砌石，安装桥面

（2）工程量计算

1）桥的毛石基础、条石桥墩的工程量按其体积计算，计量单位为"m³"。

2）园桥的桥台、护坡的工程量按不同石料（毛石或条石），以其体积计算，计量单位为"m³"。

3）园桥的石桥面的工程量按其面积计算，计量单位为"10m²"。

4）石桥桥身的砖石背里和毛石金刚墙，分别执行砖石工程的砖石挡土墙和毛石墙相应定额子目。其工程量均按图示尺寸以"m³"计算。

5）河底海墁、桥面石安装，按设计图示面积、不同厚度以"m²"计算；石栏板（含抱鼓）安装，按设计底边（斜栏板按斜长）长度，以"块"计算；石望柱按设计高度，以"根"计算。

6）定额中规定，$\phi10$ 以内的钢筋按手工绑扎编制，$\phi10$ 以外的钢筋按焊接编制，钢筋加工、制作按不同规格和不同的混凝土制作方法分别按设计长度乘以理论重量以"t"计算。

7）石桥的金刚墙细石安装项目中，已综合了桥身的各部位金刚墙的因素。雁翅金刚墙、分水金刚墙和两边的金刚墙，均套用相应的定额。

定额中的细石安装是按青白石和花岗石两种石料编制的，如实际使用砖磕石、汉白玉石料时，执行青白石相应定额子目；使用其他石料时，应另行计算。

3.2.3　园路、园桥工程工程量计算常用数据

1. 基础模板工程量计算

独立基础模板工程量区别不同形状以图示尺寸计算，如阶梯形按各阶的侧面面积，锥形按侧面面积与锥形斜面面积之和计算。杯形、高杯形基础模板工程量，按基础各阶层的侧面表面积与杯口内壁侧面积之和计算，但杯口底面不计算模板面积。其计算方法可用计算式表示如下：

$$F_{总} = (F_1 + F_2 + F_3 + F_4)N \qquad (3-5)$$

式中　$F_{总}$——杯形基础模板接触面面积（m²）；

F_1——杯形基础底部模板接触面面积（m²），$F_1 = (A+B) \times 2h_1$；

F_2——杯形基础上部模板接触面面积（m²），$F_2 = (a_1+b_1) \times 2(h-h_1-h_3)$；

F_3——杯形基础中部棱台接触面面积（m²），$F_3 = \dfrac{1}{3} \times (F_1 + F_2 + \sqrt{F_1F_2})$；

F_4——杯形基础杯口内壁接触面面积（m²），$F_4 = \overline{L}(h-h_2)$；

N——杯形基础数量（个）。

上述公式中字母符号含义如图 3-14 所示。

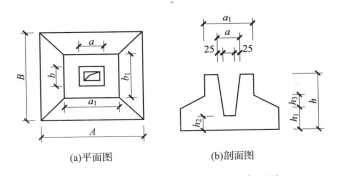

(a)平面图　　　　　　(b)剖面图

图 3-14　杯形基础计算公式中字母含义图

2. 砌筑砂浆配合比设计

园路、园桥工程根据需要的砂浆的强度等级进行配合比设计，设计步骤如下：

（1）计算砂浆试配强度 $f_{m,0}$

为使砂浆强度达到95%的强度保证率，满足设计强度等级的要求，砂浆的试配强度应按下式进行计算：

$$f_{m,0} = kf_2 \tag{3-6}$$

式中　$f_{m,0}$——砂浆的试配强度（MPa），应精确至0.1MPa；

　　　f_2——砂浆强度等级值（MPa），应精确至0.1MPa；

　　　k——系数，按表3-42取值。

表 3-42　砂浆强度标准差 σ 及 k 值

强度等级 施工水平	强度标准差 σ（MPa）							k
	M5	M7.5	M10	M15	M20	M25	M30	
优良	1.00	1.50	2.00	3.00	4.00	5.00	6.00	1.15
一般	1.25	1.88	2.50	3.75	5.00	6.25	7.50	1.20
较差	1.50	2.25	3.00	4.50	6.00	7.50	9.00	1.25

（2）计算水泥用量（kg/m³）Q_c

$$Q_c = 1000(f_{m,0} - \beta) / (\alpha \cdot f_{cr}) \tag{3-7}$$

式中　Q_c——每立方米砂浆的水泥用量（kg），应精确至1kg；

　　　f_{cr}——水泥的实测强度（MPa），应精确至0.1MPa；

　　　α、β——砂浆的特征系数，其中 α 取 3.03，β 取 −15.09。

（3）石灰膏用量应按下式计算

$$Q_D = Q_A - Q_c \tag{3-8}$$

式中　Q_D——每立方米砂浆的石灰膏用量（kg），应精确至1kg；石灰膏使用时的稠度宜为 120mm±5mm；

　　　Q_c——每立方米砂浆的水泥用量（kg），应精确至1kg；

　　　Q_A——每立方米砂浆中水泥和石灰膏总量，应精确至1kg，可为 350kg。

（4）每立方米砂浆中的砂用量

每立方米砂浆中的砂用量应按干燥状态（含水率小于0.5%）的堆积密度值作为计算值（kg）。

（5）选定用水量

用水量的选定要符合砂浆稠度的要求，施工中可以根据操作者的手感经验或按表3-43确定。

表 3-43　砌筑砂浆用水量

砂浆品种	水泥砂浆	混合砂浆
用水量（kg/m³）	270～330	260～300

　注：1. 混合砂浆用水量，不含石灰膏或黏土膏中的水分。

　　　2. 当采用细砂或粗砂时，用水量分别取上限或下限。

　　　3. 稠度小于70mm时，用水量可小于下限。

　　　4. 当施工现场炎热或在干燥季节，可适当增加用水量。

(6)砂浆试配与配合比的确定

砌筑砂浆配合比的试配和调整方法基本与普通混凝土相同。

3.2.4　园路、园桥工程工程量计算与清单编制实例

【例 3-11】　某公园树池平铺花岗岩树池围牙、盖板，如图 3-15 所示为树池的各部分尺寸，求其工程量。

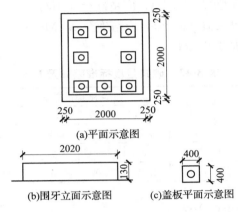

(a)平面示意图

(b)围牙立面示意图　　　　(c)盖板平面示意图

图 3-15　树池示意图（mm）

【解】

（1）清单工程量

1）围牙：

$$L=2\times2+（2+0.25\times2）\times2=9（m）$$

2）盖板：

$$L=0.4\times4\times8=12.8（m）$$

分部分项工程和单价措施项目清单与计价表见表 3-44。

表 3-44　分部分项工程和单价措施项目清单与计价表

工程名称：

序号	项目编码	项目名称	项目特征描述	计量单位	工程量	金额（元）	
						综合单价	合价
1	050201004001	树池围牙	1. 花岗岩树池围牙，规格 2000mm×250mm×130mm，2020mm×250mm×130mm 2. 平铺围牙	m	9		
2	050201004002	树池盖板	1. 花岗岩盖板，规格 400mm×400mm 2. 平铺盖板	m	12.8		

（2）定额工程量

盖板、围牙的定额工程量同清单工程量，套定额 2-38。

【例 3-12】 如图 3-16 所示为某公园局部台阶示意图，两头分别为路面，中间为四个台阶，求这个局部的园路和台阶工程量（园路不包括路牙）。

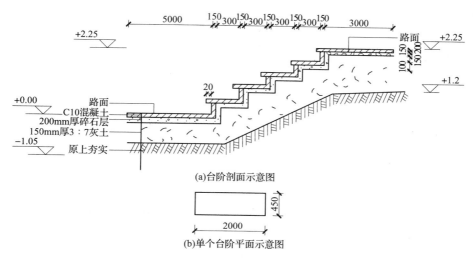

(a)台阶剖面示意图

(b)单个台阶平面示意图

图 3-16 台阶示意图

【解】

（1）清单工程量

$$S=（5+0.3×4+0.15×5+3）×2=19.9（m^2）$$

分部分项工程和单价措施项目清单与计价表见表 3-45。

表 3-45 分部分项工程和单价措施项目清单与计价表

工程名称：

序号	项目编码	项目名称	项目特征描述	计量单位	工程量	金额（元）	
						综合单价	合价
1	050201001001	园路	1. 3：7 灰土垫层厚 150mm 2. 碎石垫层厚 200nm 3. 路面铺设大理石	m²	19.9		

（2）定额工程量

1）园路工程量：

①整理路床（路床整理按垫层宽度乘园路长度以 "10m²" 计算，无路牙者，按路面宽度加 10cm 计算）：

$$4×（2+0.1）+3×（2+0.1）=14.7m^2=1.47（10m^2）$$

②挖土方（路基挖土以图示尺寸按 m³ 计算）：

$$（4×2+3×2）×1.05=14.7（m^3）$$

③原土夯实：

$$S = 4 \times 2 + 3 \times 2 = 14 \text{（m}^2\text{）}$$

④3：7 灰土垫层：

$$V = 14 \times 0.15 = 2.1 \text{（m}^3\text{）}$$

⑤碎石层：

$$V = 14 \times 0.2 = 2.8 \text{（m}^3\text{）}$$

⑥混凝土：

$$V = 14 \times 0.15 = 2.1 \text{（m}^3\text{）}$$

⑦路面大理石铺装：

$$4 \times 2 + 3 \times 2 = 14 \text{（m}^3\text{）}$$

2）台阶工程量：

①平整场地：

$$(0.5 \times 4 + 0.1) \times 2 = 4.2\text{m}^2 = 0.42 \text{（10m}^2\text{）}$$

②挖土方：

$$V = 0.5 \times 4 \times 2 \times 1.05 = 4.2 \text{（m}^3\text{）}$$

③原土夯实：

$$S = 4 \times 0.5 \times 2 = 4 \text{（m}^2\text{）}$$

④3：7 灰土垫层：

$$V = 4 \times 0.5 \times 2 \times 0.15 = 0.6 \text{（m}^3\text{）}$$

⑤碎石层：

$$V = 4 \times 0.5 \times 2 \times 0.2 = 0.8 \text{（m}^2\text{）}$$

⑥混凝土：

$$V = 4 \times 0.5 \times 2 \times 0.15 = 0.6 \text{（m}^3\text{）}$$

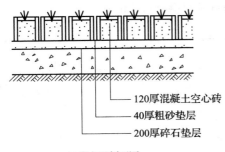

— 120厚混凝土空心砖
— 40厚粗砂垫层
— 200厚碎石垫层

(a)停车场剖面图

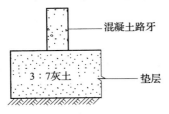

混凝土路牙

3：7灰土

垫层

(b)停车场路牙剖面图

图 3-17 某停车场路面图

【例 3-13】 某商场外停车场为砌块嵌草路面，如图 3-17 所示，长 800m，宽 50m，120mm 厚混凝土空心砖，40mm 厚粗砂垫层，200mm 厚碎石垫层，素土夯实。路面边缘设置路牙，挖槽沟深 180mm，用 3：7 灰土垫层，厚度为 160mm，路牙高 160mm，宽 100mm，试求其清单工程量。（停车场为混凝土砌块嵌草铺装，使得路面特别是在边缘部分容易发生歪斜、散落。所以，设置路牙可以对路面起到保护作用）

【解】

（1）园路：

$$S = 长 \times 宽 = 800 \times 50 = 40000 \text{（m}^2\text{）}$$

（2）嵌草砖（格）铺装：

$$S = 长 \times 宽 = 800 \times 40 = 40000 \text{（m}^2\text{）}$$

（3）路牙铺设：

$$(800 + 50 + 0.1 \times 2) \times 2 = 1700.4 \text{（m）}$$

分部分项工程和单价措施项目清单与计价表见表 3-46。

表 3-46 分部分项工程和单价措施项目清单与计价表

工程名称：

序号	项目编码	项目名称	项目特征描述	计量单位	工程量	金额（元）	
						综合单价	合价
1	050201001001	园路	1. 混凝土空心砖，120mm 厚 2. 粗砂垫层，40mm 厚 3. 碎石垫层，200mm 厚 4. 素土夯实	m²	40000		
2	050201005001	嵌草砖（格）铺装	1. 粗砂垫层，40mm 厚 2. 碎石垫层，200mm 厚 3. 混凝土空心砖	m²	40000		
3	050201003001	路牙铺设	1. 3：7 灰土垫层，160mm 厚 2. 路牙高 160mm，宽 100mm	m	1700.4		

【例 3-14】 如图 3-18 所示为某石桥的局部基础断面图，尺寸在图上已标注，求工程量。

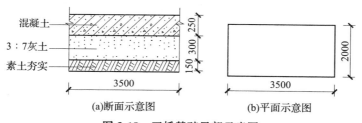

图 3-18 石桥基础局部示意图

【解】

（1）清单工程量

$$V = 3.5 \times 2 \times (0.3 + 0.25) = 3.85 \ (m^3)$$

分部分项工程和单价措施项目清单与计价表见表 3-47。

表 3-47 分部分项工程和单价措施项目清单与计价表

工程名称：

序号	项目编码	项目名称	项目特征描述	计量单位	工程量	金额（元）	
						综合单价	合价
1	050201006001	桥基础	1. 石桥 2. 矩形基础	m³	3.85		

（2）定额工程量

1）整理场地（桥基的整理场地按其底面积乘以系数 2，以"m²"为单位计算）：

$$S=3.5\times2\times2=14（m^2）$$

2）挖土方：

$$V=3.5\times2\times（0.3+0.25）=3.85（m^3）$$

套定额 1-4。

3）素土夯实：

$$V=3.5\times2\times0.15=1.05（m^3）$$

4）3：7 灰土：

$$V=3.5\times2\times0.3=2.1（m^3）$$

5）混凝土基础：

$$V=3.5\times2\times0.25=1.75（m^3）$$

套定额 7-1。

【例 3-15】 某小型停车场，长 20m、宽 6m，地面为嵌草砖铺装，如图 3-19 所示（无路牙加 0.1m），求工程量。

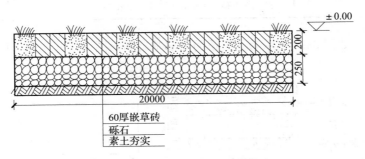

图 3-19　嵌草砖地面铺装示意图

【解】

（1）清单工程量

嵌草砖路面工程量为：

$$S=长\times宽=20\times6=120（m^2）$$

分部分项工程和单价措施项目清单与计价表见表 3-48。

表 3-48　分部分项工程和单价措施项目清单与计价表

工程名称：某小型停车场工程

序号	项目编码	项目名称	项目特征描述	计量单位	工程量	金额（元）	
						综合单价	合价
1	050201005001	嵌草砖（格）铺装	砾石垫层厚 0.25m	m²	120		

（2）定额工程量

1）整理路床：

$$S=长×宽=20×（6+0.1）=12.2（10m^2）$$
$$（单位为10m^2）$$

2）挖土方：

$$V=长×宽×厚=20×6×0.45=54（m^3）$$

3）砾石：

$$V=长×宽×厚=20×（6+0.1）×0.25$$
$$=30.5（m^3）$$

4）嵌草砖路面：

$$S=长×宽=20×6=120（m^2）$$

【例 3-16】 如图 3-20 所示为嵌草砖铺装局部示意图，各尺寸如图所示，求工程量。

【解】

（1）清单工程量

$$S=7×4=28（m^2）$$

分部分项工程和单价措施项目清单与计价表见表 3-49。

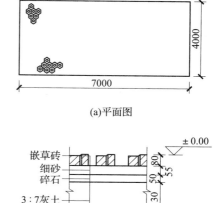

图 3-20　嵌草砖铺装示意图（mm）

表 3-49　分部分项工程和单价措施项目清单与计价表

工程名称：

序号	项目编码	项目名称	项目特征描述	计量单位	工程量	金额（元）综合单价	金额（元）合价
1	050201005001	嵌草砖（格）铺装	1. 3：7 灰土垫层，厚 130mm 2. 碎石垫层，厚 50mm 3. 细砂垫层，厚 55mm	m²	28		

（2）定额工程量

1）平整草地：套定额 1-1。

$$S=7×4×1.4=39.2（m^2）$$

2）挖土方：套定额 1-4。

$$V=7×4×（0.13+0.05+0.055）=6.58（m^3）$$

3）原土夯实：

$$S=7×（4+0.1）=28.7（m^2）$$

4）3：7 灰土垫层：套定额 2-1。

$$V=7×（4+0.1）×0.13=3.73（m^3）$$

5）碎石层：套定额 2-8。

$$V=7\times（4+0.1）\times0.05=1.44（\text{m}^3）$$

6）细砂层：套定额 2-3。

$$V=7\times（4+0.1）\times0.055=1.58（\text{m}^3）$$

（园路无道牙，垫层宽度按路面宽度增加 10cm 计算）

7）嵌草砖：套定额 2-32。

$$S=7\times4=28（\text{m}^2）$$

【例 3-17】　有一拱桥，采用花岗石制作安装拱券石，石券脸的制作、安装采用青白石，桥洞底板为钢筋混凝土处理，桥基细石安装用金刚墙青白石，厚 20cm，具体拱桥的构造如图 3-21 所示。试求其清单工程量。

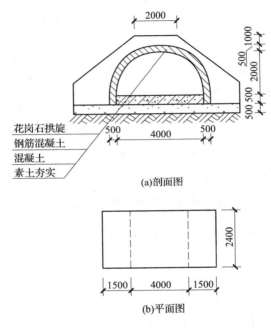

图 3-21　拱桥构造示意图

【解】

（1）桥基础

$$7\times2.4\times0.5=8.4（\text{m}^3）$$

（2）拱券石

$$\frac{1}{2}\times3.14\times（2.5^2-2.0^2）\times2.4=8.48（\text{m}^3）$$

（3）石券脸

$$\frac{1}{2}\times3.14\times（2.5^2-2.0^2）\times2=7.07（\text{m}^3）$$

（4）金刚墙砌筑

$$7\times2.4\times0.2=3.36（\text{m}^3）$$

分部分项工程和单价措施项目清单与计价表见表 3-50。

表 3-50　分部分项工程和单价措施项目清单与计价表

工程名称：

序号	项目编码	项目名称	项目特征描述	计量单位	工程量	金额（元）	
						综合单价	合价
1	050201006001	桥基础	混凝土石桥基础 青白石	m³	8.4		
2	050201008001	拱券石	混凝土石桥基础 青白石	m³	8.48		
3	050201009001	石券脸	青白石	m³	7.07		
4	050201010001	金刚墙砌筑	青白石	m³	3.36		

【例 3-18】　如图 3-22 所示为一个木桥示意图，各尺寸在图中已标出，求工程量。

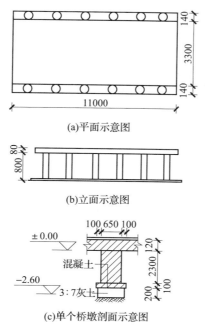

(a)平面示意图

(b)立面示意图

(c)单个桥墩剖面示意图

图 3-22　某大桥示意图

注：共 4 个桥墩。

【解】

（1）清单工程量

$$S=11\times(3.3+0.14\times2)=39.38\ (\text{m}^2)$$

分部分项工程和单价措施项目清单与计价表见表 3-51。

表 3-51　分部分项工程和单价措施项目清单与计价表

工程名称：

序号	项目编码	项目名称	项目特征描述	计量单位	工程量	金额（元）	
						综合单价	合价
1	050201014001	木制步桥	1. 桥宽 3.58m 2. 桥长 11m	m²	39.38		

（2）定额工程量

1）平整场地（步桥按其底面积乘以系数 2，以"m²"为单位计算）：

$$S=39.38\times2=78.76\ (\text{m}^2)$$

套定额 1-1。

2）素土夯实：

$$V=39.38\times0.15=5.91\ (\text{m}^3)$$

3）挖土方：

$$V=(11+0.1\times2)\times(3.3+0.14\times2+$$
$$0.1\times2)\times2.6=110.07\ (\text{m}^3)$$

套定额 1-4（长和宽两边各增加 10cm）。

4）3：7 灰土垫层：

$$V=(0.1\times2+0.65+0.1\times2)\times(3.3+$$
$$0.14\times2+0.1\times2)\times0.2\times4=3.18\ (\text{m}^3)$$

（长和宽两边各增加 10cm）

5）混凝土桥墩、桥柱：

$$V=(0.2+0.65)\times(3.3+0.14\times2+0.1\times2)\times0.1\times4+$$
$$0.65\times(3.3+0.14\times2+0.1\times2)\times2.3\times4$$
$$=36.06\ (\text{m}^3)$$

套定额 7-16。

6）混凝土桥面：

$$V=11\times(3.3+0.14\times2)\times0.12=4.73\ (\text{m}^3)$$

7）木桥面：

$$V=11\times(3.3+0.14\times2)=39.38\ (\text{m}^2)$$

套定额 7-84。

8）木栏杆：

$$11 \times 2 = 22 （m）$$

9）木柱 1.2（10 根）（单位 10 根）

【例 3-19】 如图 3-23 所示为某石桥示意图，桥长 10m，宽 6m，共有桥墩 5 个，求石桥基础工程量。

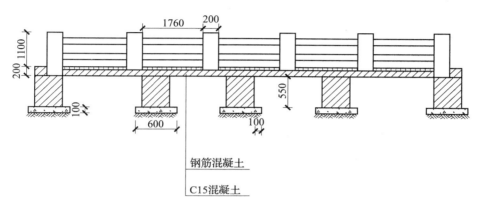

图 3-23 石桥示意图

【解】

（1）清单工程量

石桥基础层工程量为：

$$V = 长 \times 宽 \times 厚 = 0.6 \times （6 + 0.1 \times 2） \times 0.1 \times 5 = 1.86 （m^3）$$

分部分项工程和单价措施项目清单与计价表见表 3-52。

表 3-52 分部分项工程和单价措施项目清单与计价表

工程名称：

序号	项目编码	项目名称	项目特征描述	计量单位	工程量	金额（元）	
						综合单价	合价
1	050201006001	桥基础	矩形基础	m³	1.86		

（2）定额工程量

石桥基础层工程量，套定额 7-1。

$$V = 长 \times 宽 \times 厚$$
$$= 0.6 \times （6 + 0.1 \times 2） \times 0.1 \times 5 = 1.86 （m^3）$$

【例 3-20】 某公园步行木桥，桥面总长为 6m，宽为 1.5m，桥板厚度为 25mm，满铺平口对缝，采用木桩基础；原木梢径 $\phi80$、长 5m，共 16 根；横梁原木梢径 $\phi80$、长 1.8m，共 9 根；纵梁原木梢径 $\phi100$、长 5.6m，共 5 根。栏杆、栏杆柱、扶手、扫地杆、斜撑采用枋木 80mm×80mm（刨光），栏杆高 900mm。全部采用杉木。试计算工程量。

【解】

（1）业主计算

业主根据施工图计算步行木桥工程量为：

$$S=6×1.5=9.00（m^2）$$

（2）投标人计算

1）原木桩工程量（查原木材积表）为 0.64m³。

①人工费：25 元/工日×5.12 工日＝128（元）

②材料费：原木 800 元/m³×0.64m³＝512（元）

③合计：640.00 元。

2）原木横、纵梁工程量（查原木材积表）为 0.472m³。

①人工费：25 元/工日×3.42 工日＝85.44（元）

②材料费：原木 800 元/m³×0.472m³＝377.60（元）

扒钉 3.2 元/kg×15.5kg＝49.60（元）

小计：427.20 元

③合计：512.64 元。

3）桥板工程量 3.142m³。

①人工费：25 元/工日×22.94 工日＝573.44（元）

②材料费：板材 1200 元/m³×3.142m³＝3770.4（元）

铁钉 2.5 元/kg×21kg＝52.5（元）

小计：3822.90 元

③合计：4396.34 元

4）栏杆、扶手、扫地杆、斜撑工程量为 0.24m³。

①人工费：25 元/工日×3.08 工日＝77.12（元）

②材料费：枋材 1200 元/m³×0.24m³＝288.00（元）

铁材：3.2 元/kg×6.4kg＝20.48（元）

小计：308.48 元

③合计：385.60 元。

5）综合。

①直接费用合计：5934.58 元

②管理费：直接费×25％＝5934.58 元×25％＝1483.65（元）

③利润：直接费×8％＝5934.58 元×8％＝474.77（元）

④总计：7893.09 元

⑤综合单价：877.01 元。

分部分项工程和单价措施项目清单与计价表见表 3-53。

表 3-53 分部分项工程量清单与计价表

工程名称：某公园步行木桥施工工程　　　　标段：　　　　　　第　页　共　页

序号	项目编号	项目名称	项目特征描述	计量单位	工程数量	综合单价	合价	其中 暂估价
1	050201014001	木制步桥	1. 桥面长 6m、宽 1.5m、桥板厚 0.025m 2. 原木桩基础、梢径 ϕ80、长 5m、16 根 3. 原木横梁，梢径 ϕ80、长 1.8m、9 根 4. 原木纵梁，梢径 ϕ100、长 5.6m、5 根 5. 栏杆、扶手、扫地杆、斜撑枋木 80mm×80mm（刨光），栏高 900mm 6. 全部采用杉木	m²	9	877.01	7893.09	
		合　计					7893.09	

工程量清单综合单价分析表见表3-54。

表 3-54　综合单价分析表

工程名称：某公园步行木桥施工工程　　　　　标段：　　　　　　　第　页　共　页

项目编码	050201014001	项目名称	木制步桥	计量单位	m²	工程量	9

综合单价组成明细

定额编号	定额名称	定额单位	数量	单价（元）				合价（元）			
				人工费	材料费	机械费	管理费和利润	人工费	材料费	机械费	管理费和利润
—	原木桩基础	m³	0.071	128	800	—	306.24	9.09	56.8	—	21.74
—	原木梁	m³	0.052	85.44	800	—	292.20	4.44	41.6	—	15.19
—	桥板	m³	0.369	57.34	1200	—	414.92	21.16	442.8	—	153.11
—	栏杆、扶手、斜撑	m³	0.027	77.12	1200	—	421.45	2.08	32.4	—	11.38
人工单价			小　计					36.77	573.6	—	201.42
25 元/工日			未计价材料费					65.23			
清单项目综合单价								877.02			

材料费明细	名称、规格、型号			单位	数量	单价（元）	合价（元）	暂估单价(元)	暂估合价(元)
	扒钉			kg	1.72	3.2	5.5		
	铁钉			kg	2.33	2.5	5.83		
	铁材			kg	0.71	3.2	2.27		
	其他材料费					—	51.63	—	
	材料费小计					—	65.23	—	

3.3 园林景观工程工程量计算及清单编制实例

3.3.1 园林景观工程清单工程量计算规则

1. 堆塑假山

堆塑假山工程量清单项目设置、项目特征描述的内容、计量单位及工程量计算规则，应按表 3-55 的规定执行。

表 3-55 堆塑假山（编码：050301）

项目编码	项目名称	项目特征	计量单位	工程量计算规则	工程内容
050301001	堆筑土山丘	1. 土丘高度 2. 土丘坡度要求 3. 土丘底外接矩形面积	m³	按设计图示山丘水平投影外接矩形面积乘以高度的 1/3 以体积计算	1. 取土、运土 2. 堆砌、夯实 3. 修整
050301002	堆砌石假山	1. 堆砌高度 2. 石料种类、单块重量 3. 混凝土强度等级 4. 砂浆强度等级、配合比	t	按设计图示尺寸以质量计算	1. 选料 2. 起重机搭、拆 3. 堆砌、修整
050301003	塑假山	1. 假山高度 2. 骨架材料种类、规格 3. 山皮料种类 4. 混凝土强度等级 5. 砂浆强度等级、配合比 6. 防护材料种类	m²	按设计图示尺寸以展开面积计算	1. 骨架制作 2. 假山胎模制作 3. 塑假山 4. 山皮料安装 5. 刷防护材料
050301004	石笋	1. 石笋高度 2. 石笋材料种类 3. 砂浆强度等级、配合比	支	1. 以块（支、个）计量，按设计图示数量计算 2. 以吨计量，按设计图示石料质量计算	1. 选石料 2. 石笋安装
050301005	点风景石	1. 石料种类 2. 石料规格、重量 3. 砂浆配合比	1. 块 2. t		1. 选石料 2. 起重架搭、拆 3. 点石

续表 3-55

项目编码	项目名称	项目特征	计量单位	工程量计算规则	工程内容
050301006	池石、盆景山	1. 底盘种类 2. 山石高度 3. 山石种类 4. 混凝土砂浆强度等级 5. 砂浆强度等级、配合比	1. 座 2. 个	1. 以座计量，按设计图示数量计算 2. 以吨计量，按设计图示石料质量计算	1. 底盘制作、安装 2. 池、盆景山石安装、砌筑
050301007	山（卵）石护角	1. 石料种类、规格 2. 砂浆配合比	m³	按设计图示尺寸以体积计算	1. 石料加工 2. 砌石
050301008	山坡（卵）石台阶	1. 石料种类、规格 2. 台阶坡度 3. 砂浆强度等级	m²	按设计图示尺寸以水平投影面积计算	1. 选石料 2. 台阶砌筑

注：1. 假山（堆筑土山丘除外）工程的挖土方、开凿石方、回填等应按现行国家标准《房屋建筑与装饰工程工程量计算规范》GB 50854—2013 相关项目编码列项。

2. 如遇某些构配件使用钢筋混凝土或金属构件时，应按现行国家标准《房屋建筑与装饰工程工程计量计算规范》GB 50854—2013 或《市政工程工程计量计算规范》GB 50857—2013 相关项目编码列项。

3. 散铺河滩石按点风景石项目单独编码列项。

4. 堆筑土山丘，适用于夯填、堆筑而成。

2. 原木、竹构件

原木、竹构件工程量清单项目设置、项目特征描述的内容、计量单位及工程量计算规则，应按表 3-56 的规定执行。

表 3-56　原木、竹构件（编码：050302）

项目编码	项目名称	项目特征	计量单位	工程量计算规则	工程内容
050302001	原木（带树皮）柱、梁、檩、椽	1. 原木种类 2. 原木（稍）径（不含树皮厚度） 3. 墙龙骨材料种类、规格 4. 墙底层材料种类、规格 5. 构件联结方式 6. 防护材料种类	m	按设计图示尺寸以长度计算（包括榫长）	1. 构件制作 2. 构件安装 3. 刷防护材料
050302002	原木（带树皮）墙		m²	按设计图示尺寸以面积计算（不包括柱、梁）	
050302003	树枝吊挂楣子			按设计图示尺寸以框外围面积计算	

续表 3-56

项目编码	项目名称	项目特征	计量单位	工程量计算规则	工程内容
050302004	竹柱、梁、檩、椽	1. 竹种类 2. 竹（直）梢径 3. 连接方式 4. 防护材料种类	m	按设计图示尺寸以长度计算	1. 构件制作 2. 构件安装 3. 刷防护材料
050302005	竹编墙	1. 竹种类 2. 墙龙骨材料种类、规格 3. 墙底层材料种类、规格 4. 防护材料种类	m²	按设计图示尺寸以面积计算（不包括柱、梁）	
050302006	竹吊挂楣子	1. 竹种类 2. 竹梢径 3. 防护材料种类		按设计图示尺寸以框外围面积计算	

注：1. 木构件连接方式应包括：开榫连接、铁件连接、扒钉连接、铁钉连接。
　　2. 竹构件连接方式应包括：竹钉固定、竹篾绑扎、铁丝连接。

3. 亭廊屋面

亭廊屋面工程量清单项目设置、项目特征描述的内容、计量单位及工程量计算规则，应按表 3-57 的规定执行。

表 3-57　亭廊屋面（编码：050303）

项目编码	项目名称	项目特征	计量单位	工程量计算规则	工程内容
050303001	草屋面			按设计图示尺寸以斜面计算	
050303002	竹屋面	1. 屋面坡度 2. 铺草种类 3. 竹材种类 4. 防护材料种类	m²	按设计图示尺寸以实铺面积计算（不包括柱、梁）	1. 整理、选料 2. 屋面铺设 3. 刷防护材料
050303003	树皮屋面			按设计图示尺寸以屋面结构外围面积计算	

续表 3-57

项目编码	项目名称	项目特征	计量单位	工程量计算规则	工程内容
050303004	油毡瓦屋面	1. 冷底子油品种 2. 冷底子油涂刷遍数 3. 油毡瓦颜色规格	m²	按设计图示尺寸以斜面计算	1. 清理基层 2. 材料裁接 3. 刷油 4. 铺设
050303005	预制混凝土穹顶	1. 穹顶弧长、直径 2. 肋截面尺寸 3. 板厚 4. 混凝土强度等级 5. 拉杆材质、规格	m³	按设计图示尺寸以体积计算。混凝土脊和穹顶芽的肋、基梁并入屋面体积	1. 模板制作、运输、安装、拆除、保养 2. 混凝土制作、运输、浇筑、振捣、养护 3. 构建运输、安装 4. 砂浆制作、运输 5. 接头灌缝、养护
050303006	彩色压型钢板（夹芯板）攒尖亭屋面板	1. 屋面坡度 2. 穹顶弧长、直径 3. 彩色压型钢板（夹芯）板品种、规格 4. 拉杆材质、规格 5. 嵌缝材料种类 6. 防护材料种类	m²	按设计图示尺寸以实铺面积计算	1. 压型板安装 2. 护角、包角、泛水安装 3. 嵌缝 4. 刷防护材料
050303007	彩色压型钢板（夹芯板）穹顶				
050303008	玻璃屋面	1. 屋面坡度 2. 龙骨材质、规格 3. 玻璃材质、规格 4. 防护材料种类			1. 制作 2. 运输 3. 安装
050303009	支（防腐木）屋面	1. 木（防腐木）种类 2. 防护层处理			

注：1. 柱顶石（磉蹬石）、钢筋混凝土屋面板、钢筋混凝土亭屋面板、木柱、木屋架、钢柱、钢屋架、屋面木基层和防水层等，应按现行国家标准《房屋建筑与装饰工程工程量计算规范》GB 50854—2013中相关项目编码列项。

2. 膜结构的亭、廊，应按现行国家标准《仿古建筑工程工程量计算规范》GB 50855—2013及《房屋建筑与装饰工程工程量计算规范》GB 50854—2013中相关项目编码列项。

3. 竹构件连接方式应包括：竹钉固定、竹篾绑扎、铁丝连接。

4. 花架

花架工程量清单项目设置、项目特征描述的内容、计量单位及工程量计算规则，应按表 3-58 的规定执行。

表 3-58 花架（编码：050304）

项目编码	项目名称	项目特征	计量单位	工程量计算规则	工程内容
050304001	现浇混凝土花架柱、梁	1. 柱截面、高度、根数 2. 盖梁截面、高度、根数 3. 连系梁截面、高度、根数 4. 混凝土强度等级	m³	按设计图示尺寸以体积计算	1. 模板制作、运输、安装、拆除、保养 2. 混凝土制作、运输、浇筑、振捣、养护
050304002	预制混凝土花架柱、梁	1. 柱截面、高度、根数 2. 盖梁截面、高度、根数 3. 连系梁截面、高度、根数 4. 混凝土强度等级 5. 砂浆配合比			1. 模板制作、运输、安装、拆除、保养 2. 混凝土制作、运输、浇筑、振捣、养护 3. 构件安装 4. 砂浆制作、运输 5. 接头灌缝、养护
050304003	金属花架柱、梁	1. 钢材品种、规格 2. 柱、梁截面 3. 油漆品种、刷漆遍数	t	按设计图示以质量计算	1. 制作、运输 2. 安装 3. 油漆
050304004	木花架柱、梁	1. 木材种类 2. 柱、梁截面 3. 连接方式 4. 防护材料种类	m³	按设计图示截面乘长度（包括榫长）以体积计算	1. 构件制作、运输、安装 2. 刷防护材料、油漆
050304005	竹花架柱、梁	1. 竹种类 2. 竹胸径 3. 油漆品种、刷漆遍数	1. m 2. 根	1. 以长度计量，按设计图示花架构件尺寸以延长米计算 2. 以根计量，按设计图示花架柱、梁数量计算	1. 制作 2. 运输 3. 安装 4. 油漆

注：花架基础、玻璃天棚、表面装饰及涂料项目应按现行国家标准《房屋建筑与装饰工程工程计量计算规范》GB 50854—2013 中相关项目编码列项。

5. 园林桌椅

园林桌椅工程量清单项目设置、项目特征描述的内容、计量单位及工程量计算规则，应按表 3-59 的规定执行。

表 3-59   园林桌椅（编码：050305）

项目编码	项目名称	项目特征	计量单位	工程量计算规则	工程内容
050305001	预制钢筋混凝土飞来椅	1. 座凳面厚度、宽度 2. 靠背扶手截面 3. 靠背截面 4. 座凳楣子形状、尺寸 5. 混凝土强度等级 6. 砂浆配合比	m	按设计图示尺寸以座凳面中心线长度计算	1. 模板制作、运输、安装、拆除、保养 2. 混凝土制作、运输、浇筑、振捣、养护 3. 构件运输、安装 4. 砂浆制作、运输、抹面、养护 5. 接头灌缝、养护
050305002	水磨石飞来椅	1. 座凳面厚度、宽度 2. 靠背扶手截面 3. 靠背截面 4. 座凳楣子形状、尺寸 5. 砂浆配合比	m	按设计图示尺寸以座凳面中心线长度计算	1. 砂浆制作、运输 2. 制作 3. 运输 4. 安装
050305003	竹制飞来椅	1. 竹材种类 2. 座凳面厚度、宽度 3. 靠背扶手截面 4. 靠背截面 5. 座凳楣子形状 6. 铁件尺寸、厚度 7. 防护材料种类			1. 座凳面、靠背扶手、靠背、楣子制作、安装 2. 铁件安装 3. 刷防护材料
050305004	现浇混凝土桌凳	1. 座凳形状 2. 基础尺寸、埋设深度 3. 桌面尺寸、支墩高度 4. 凳面尺寸、支墩高度 5. 混凝土强度等级、砂浆配合比	个	按设计图示数量计算	1. 模板制作、运输、安装、拆除、保养 2. 混凝土制作、运输、浇筑、振捣、养护 3. 砂浆制作、运输

续表 3-59

项目编码	项目名称	项目特征	计量单位	工程量计算规则	工程内容
050305005	预制混凝土桌凳	1. 座凳形状 2. 基础形状、尺寸、埋设深度 3. 桌面形状、尺寸、支墩高度 4. 凳面尺寸、支墩高度 5. 混凝土强度等级 6. 砂浆配合比	个	按设计图示数量计算	1. 模板制作、运输、安装、拆除、保养 2. 混凝土制作、运输、浇筑、振捣、养护 3. 构件运输、安装 4. 砂浆制作、运输 5. 接头灌缝、养护
050305006	石桌石凳	1. 石材种类 2. 基础形状、尺寸、埋设深度 3. 桌面形状、尺寸、支墩高度 4. 凳面尺寸、支墩高度 5. 混凝土强度等级 6. 砂浆配合比			1. 土方挖运 2. 桌凳制作 3. 桌凳运输 4. 桌凳安装 5. 砂浆制作、运输
050305007	水墨石桌凳	1. 基础形状、尺寸、埋设深度 2. 桌面形状、尺寸、支墩高度 3. 凳面尺寸、支墩高度 4. 混凝土强度等级 5. 砂浆配合比			1. 桌凳制作 2. 桌凳运输 3. 桌凳安装 4. 砂浆制作、运输
050305008	塑树根桌凳	1. 桌凳直径 2. 桌凳高度 3. 砖石种类 4. 砂浆强度等级、配合比 5. 颜料品种、颜色			1. 砂浆制作、运输 2. 砖石砌筑 3. 塑树皮 4. 绘制木纹
050305009	塑树桌椅				
050305010	塑料、铁艺、金属椅	1. 木座板面截面 2. 座椅规格、颜色 3. 混凝土强度等级 4. 防护材料种类			1. 制作 2. 安装 3. 刷防护材料

注：木制飞来椅按现行国家标准《仿古建筑工程工程量计算规范》GB 50855—2013 相关项目编码列项。

6. 喷泉安装

喷泉安装工程量清单项目设置、项目特征描述的内容、计量单位及工程量计算规则，应按表 3-60 的规定执行。

表 3-60　喷泉安装（编码：050306）

项目编码	项目名称	项目特征	计量单位	工程量计算规则	工程内容
050306001	喷泉管道	1. 管材、管件、阀门、喷头品种 2. 管道固定方式 3. 防护材料种类	m	按设计图示管道中心线长度以延长米计算	1. 土（石）方挖运 2. 管材、管件、阀门、喷头安装 3. 刷防护材料 4. 回填
050306002	喷泉电缆	1. 保护管品种、规格 2. 电缆品种、规格		按设计图示单根电缆长度以延长米计算	1. 土（石）方挖运 2. 电缆保护管安装 3. 电缆敷设 4. 回填
050306003	水下艺术装饰灯具	1. 灯具品种、规格 2. 灯光颜色	套	按设计图示数量计算	1. 灯具安装 2. 支架制作、运输、安装
050306004	电气控制柜	1. 规格、型号 2. 安装方式	台		1. 电气控制柜（箱）安装 2. 系统调试
050306005	喷泉设备	1. 议备品种 2. 设备规格、型号 3. 防护网品种、规格			1. 设备安装 2. 系统调试 3. 防护网安装

注：1. 喷泉水池应按现行国家标准《房屋建筑与装饰工程工程计量计算规范》GB 50854—2013 中相关项目编码列项。

2. 管架项目按现行国家标准《房屋建筑与装饰工程工程计量计算规范》GB 50854—2013 中"钢支架"项目单独编码列项。

7. 杂项

杂项工程量清单项目设置、项目特征描述的内容、计量单位及工程量计算规则，应按表 3-61 的规定执行。

表 3-61 杂项（编码：050307）

项目编码	项目名称	项目特征	计量单位	工程量计算规则	工程内容
050307001	石灯	1. 石料种类 2. 石灯最大截面 3. 石灯高度 4. 砂浆配合比	个	按设计图示数量计算	1. 制作 2. 安装
050307002	石球	1. 石料种类 2. 球体直径 3. 砂浆配合比	个	按设计图示数量计算	1. 制作 2. 安装
050307003	塑仿石音箱	1. 音箱石内空尺寸 2. 铁丝型号 3. 砂浆配合比 4. 水泥漆颜色	个		1. 胎模制作、安装 2. 铁丝网制作、安装 3. 砂浆制作、运输 4. 喷水泥漆 5. 埋置仿石音箱
050307004	塑树皮梁、柱	1. 塑树种类 2. 塑竹种类 3. 砂浆配合比 4. 喷字规格、颜色 5. 油漆品种、颜色	1. m² 2. m	1. 以平方米计量，按设计图示尺寸以梁柱外表面积计算 2. 以米计量，按设计图示尺寸以构件长度计算	1. 灰塑 2. 刷涂颜料
050307005	塑竹梁、柱				
050307006	铁艺栏杆	1. 铁艺栏杆高度 2. 铁艺栏杆单位长度重量 3. 防护材料种类	m	按设计图示尺寸以长度计算	1. 铁艺栏杆安装 2. 刷防护材料
050307007	塑料栏杆	1. 栏杆高度 2. 塑料种类			1. 下料 2. 安装 3. 校正
050307008	钢筋混凝土艺术围栏	1. 围栏高度 2. 混凝土强度等级 3. 表面涂敷材料种类	1. m² 2. m	1. 以平方米计量，按设计图示尺寸以面积计算 2. 以米计量，按设计图示尺寸以延长米计算	1. 制作 2. 运输 3. 安装 4. 砂浆制作、运输 5. 接头灌缝、养护

续表 3-61

项目编码	项目名称	项目特征	计量单位	工程量计算规则	工程内容
050307009	标志牌	1. 材料种类、规格 2. 镌字规格、种类 3. 喷字规格、颜色 4. 油漆品种、颜色	个	按设计图示数量计算	1. 选料 2. 标志牌制作 3. 雕凿 4. 镌字、喷字 5. 运输、安装 6. 刷油漆
050307010	景墙	1. 土质类别 2. 垫层材料种类 3. 基础材料种类、规格 4. 墙体材料种类、规格 5. 墙体厚度 6. 混凝土、砂浆强度等级、配合比 7. 饰面材料种类	1. m³ 2. 段	1. 以立方米计量，按设计图示尺寸以体积计算 2. 以段计量，按设计图示尺寸以数量计算	1. 土（石）方挖运 2. 垫层、基础铺设 3. 墙体砌筑 4. 面层铺贴
050307011	景窗	1. 景窗材料品种、规格 2. 混凝土强度等级 3. 砂浆强度等级、配合比 4. 涂刷材料品种	m²	按设计图示尺寸以面积计算	1. 制作 2. 运输 3. 砌筑安放 4. 勾缝 5. 表面涂刷
050307012	花饰	1. 花饰材料品种、规格 2. 砂浆配合比 3. 涂刷材料品种			
050307013	博古架	1. 博古架材料品种、规格 2. 混凝土强度等级 3. 砂浆配合比 4. 涂刷材料品种	1. m² 2. m 3. 个	1. 以平方米计量，按设计图示尺寸以面积计算 2. 以米计量，按设计图示尺寸以延长米计算 3. 以个计量，按设计图示数量计算	

续表 3-61

项目编码	项目名称	项目特征	计量单位	工程量计算规则	工程内容
050307014	花盆（坛、箱）	1. 花盆（坛）的材质及类型 2. 规格尺寸 3. 混凝土强度等级 4. 砂浆配合比	个	按设计图示尺寸以数量计算	1. 制作 2. 运输 3. 安放
050307015	摆花	1. 花盆（钵）的材质及类型 2. 花卉品种与规格	1. m² 2. 个	1. 以平方米计量，按设计图示尺寸以水平投影面积计算 2. 以个计量，按设计图示数量计算	1. 搬运 2. 安放 3. 养护 4. 撤收
050307016	花池	1. 土质类别 2. 池壁材料种类、规格 3. 混凝土、砂浆强度等级、配合比 4. 饰面材料种类	1. m³ 2. m 3. 个	1. 以立方米计量，按设计图示尺寸以体积计算 2. 以米计量，按设计图示尺寸以池壁中心线处延长米计算 3. 以个计量，按设计图示数量计算	1. 垫层铺设 2. 基础砌（浇）筑 3. 墙体砌（浇）筑 4. 面层铺贴
050307017	垃圾箱	1. 垃圾箱材质 2. 规格尺寸 3. 混凝土强度等级 4. 砂浆配合比	个	按设计图示尺寸以数量计算	1. 制作 2. 运输 3. 安放
050307018	砖石砌小摆设	1. 砖种类、规格 2. 石种类、规格 3. 砂浆强度等级、配合比 4. 石表面加工要求 5. 勾缝要求	1. m³ 2. 个	1. 以立方米计量，按设计图示尺寸以体积计算 2. 以个计量，按设计图示尺寸以数量计算	1. 砂浆制作、运输 2. 砌砖、石 3. 抹面、养护 4. 勾缝 5. 石表面加工

续表 3-61

项目编码	项目名称	项目特征	计量单位	工程量计算规则	工程内容
050307019	其他景观小摆设	1. 名称及材质 2. 规格尺寸	个	按设计图示尺寸以数量计算	1. 制作 2. 运输 3. 安装
050307020	柔性水池	1. 水池深度 2. 防水（漏）材料	m²	按设计图示尺寸以水平投影面积计算	1. 清理基层 2. 材料裁接 3. 铺设

注：砌筑果皮箱、放置盆景的须弥座等，应按砖石砌小摆设项目编码列项。

8. 园林景观工程清单相关问题及说明

1）混凝土构件中的钢筋项目应按现行国家标准《房屋建筑与装饰工程工程量计算规范》GB 50854—2013 中相应项目编码。

2）石浮雕、石镌字应按现行国家标准《仿古建筑工程工程量计算规范》GB 50855—2013 附录 B 中的相应项目编码列项。

3.3.2 园林景观工程定额工程量计算规则

1. 假山工程工程量计算

（1）假山工程

1）工作内容：假山工程量一般以设计的山石实际吨位数为基数来推算，并以工日数来表示。假山采用的山石种类不同、假山造型不同、假山砌筑方式不同都会影响工程量。由于假山工程的变化因素太多，每工日的施工定额也不容易统一，因此准确计算工程量有一定难度。根据十几项假山工程施工资料统计的结果，包括放样、选石、配制水泥砂浆及混凝土、吊装山石、堆砌、刹垫、搭拆脚手架、抹缝、清理、养护等全部施工工作在内的山石施工平均工日定额，在精细施工条件下，应为 0.1～0.2t/工日；在大批量粗放施工情况下，则应为 0.3～0.4t/工日。

2）工程量计算公式见 3.3.3 节。

假山顶部凸出的石块，不得执行人造独立峰定额。人造独立峰（仿孤块峰石）是指人工叠造的独立峰石。

（2）景石、散点石工程

1）工作内容：景石是指不具备山形但以奇特的形状为审美特征的石质观赏品；散点石是指无呼应联系的一些自然山石分散布置在草坪、山坡等处，主要起点缀环境、烘托野地氛围的作用。

2）工程量计算公式见 3.3.3 节。

（3）堆砌假山工程

1）工作内容：放样、选石、运石、调制及运送混凝土（砂浆）、堆砌、搭拆脚手架、塞垫嵌缝、清理、养护。

2）工程量计算：堆砌湖石假山、黄石假山、整块湖石峰、人造湖石峰、人造黄石峰以及石笋安装、土山点石的工程量均按不同山、峰高度，以堆砌石料的质量计算。计量单位为"t"。

布置景石的工程量按不同单块景石，以布置景石的质量计算，计量单位为"t"。

自然式护岸的工程量按护岸石料质量计算，计量单位为"t"。

$$堆砌假山石料质量＝进场石料验收质量－剩余石料质量 \tag{3-9}$$

（4）塑假石山工程

1）工作内容：放样、挖土方、浇捣混凝土垫层、砌骨架或焊接骨架、挂钢网、堆筑成形。

2）工程量计算：砖骨架塑假石山的工程量按不同高度，以塑假石山的外围表面积计算，计量单位为"10m²"。

钢骨架、钢网塑假石山的工程量按其外围表面积计算，计量单位为"10m²"。

2. 土方工程量计算

（1）工作内容

工作内容主要包括平整场地、挖地槽、挖地坑、挖土方、回填土、运土等。

（2）工程量计算

1）工程量除注明者外，均按图示尺寸以体积计算。

2）挖土方凡平整场地厚度在30cm以上，槽底宽度在3m以上和坑底面积在20m²以上的挖土，均按挖土方计算。

3）挖地槽凡槽宽在3m以内，槽长为槽宽3倍以上的挖土，均按挖地槽计算。外墙地槽长度按其中心线长度计算，内墙地槽长度按内墙地槽的净长计算；宽度按图示宽度计算；凸出部分挖土量应予以增加。

4）挖地坑凡挖土底面积在20m²以内，槽宽在3m以内，槽长小于槽宽3倍者按挖地坑计算。

5）挖管沟槽，宽度按规定尺寸计算，如无规定可按表3-62计算。沟槽长度不扣除检查井，检查井的凸出管道部分的土方也不增加。

表3-62　沟槽底宽度

管径（mm）	铸铁管、钢管、石棉水泥管	混凝土管、钢筋混凝土管	缸瓦管	附　注
50～75	0.6	0.8	0.7	（1）本表为埋深在1.5m以内沟槽底宽度，单位为"m"
100～200	0.7	0.9	0.8	
250～350	0.8	1.0	0.9	（2）当深度在2m以内，有支撑时，表中数值适当增加0.1m
400～450	1.0	1.3	1.1	（3）当深度在3m以内，有支撑时，表中数值适当增加0.2m
500～600	1.3	1.5	1.4	

6）挖土方、地槽、地坑的高度，按室外自然地坪至槽底的距离计算。

7）平整场地是指厚度在±30cm以内的就地挖、填、找平工程，其工程量按建筑物的首层建筑面积计算。

8）回填土、场地填土，分松填和夯填，以"m³"计算。挖地槽原土回填的工程量，可按地槽挖土工程量乘以系数0.6计算。

①满堂红挖土方，其设计室外地坪以下部分如采用原土者，此部分不计取原土价值的措施费和各项间接费用。

②大开槽四周的填土，按回填土定额执行。

③地槽、地坑回填土的工程量，可按地槽地坑的挖土工程量乘以系数0.6计算。

④管道回填土按挖土体积减去垫层和直径大于500mm（包括500mm）的管道体积计算。管道直径小于500mm的可不扣除其所占体积，管道在500mm以上的应减除管道体积。每米管道应减土方量可按表3-63计算。

表3-63　每米管道应减土方量

管道种类	减土方量（m³）					
	管道直径（mm）					
	500～600	700～800	900～1000	1100～1200	1300～1400	1500～1600
钢管	0.24	0.44	0.71	—	—	—
铸铁管	0.27	0.49	0.77	—	—	—
钢筋混凝土管及缸瓦管	0.33	0.60	0.92	1.15	1.35	1.55

⑤用挖槽余土做填土时，应套用相应的填土定额，结算时应减去其利用部分的土的价值，但措施费和各项间接费不予扣除。

3. 砖石工程量计算

（1）工作内容

工作内容包括砖基础与砌体、其他砌体、毛石基础及护坡等。

（2）工程量计算

1）一般规定：

①砌体砂浆强度等级为综合强度等级，编排预算时不得调整。

②砌墙综合了墙的厚度，划分为外墙和内墙。

③砌体内采用钢筋加固者，按设计规定的质量，套用"砖砌体加固钢筋"定额。

④檐高是指由设计室外地坪至前后檐口滴水的高度。

2）工程量计算规则：

①标准砖墙体计算厚度，按表3-64计算。

表 3-64　标准砖墙体计算厚度

墙体	$\frac{1}{4}$砖	$\frac{1}{2}$砖	$\frac{3}{4}$砖	1 砖	$1\frac{1}{2}$砖	2 砖	$2\frac{1}{2}$砖	3 砖
计算厚度（mm）	53	115	180	240	365	490	615	740

②基础与墙身的划分：砖基础与砖墙以设计室内地坪为界，设计室内地坪以下为基础、以上为墙身，如墙身与基础为两种不同材料时以材料为分界线。砖围墙以设计室外地坪为分界线。

③外墙基础长度，按外墙中心线计算；内墙基础长度，按内墙净长计算。墙基大放脚处重叠因素已综合在定额内；凸出墙外的墙垛的基础大放脚宽出部分不增加，嵌入基础的钢筋、铁杆、管件等所占的体积不予扣除。

④砖基础工程量不扣除 0.3m² 以内的孔洞，基础内混凝土的体积应扣除，但砖过梁应另列项目计算。

⑤基础抹隔潮层按实抹面积计算。

⑥外墙长度按外墙中心线长度计算，内墙长度按内墙净长计算。女儿墙工程量并入外墙计算。

⑦计算实砌砖墙身时，应扣除门窗洞口（门窗框外围面积），过人洞空圈，嵌入墙身的钢筋砖柱、梁、过梁、圈梁的体积，但不扣除每个面积在 0.3m²。以内的孔洞梁头、梁垫、檩头、垫木、木砖、砌墙内的加固钢筋、墙基抹隔潮层等及内墙板头压 1/2 墙者所占的体积。凸出墙面的窗台虎头砖、压顶线、门窗套、三皮砖以下的腰线、挑檐等体积也不增加。嵌入外墙的钢筋混凝土板头已在定额中考虑，计算工程量时不再扣除。

⑧墙身高度从首层设计室内地坪算至设计要求高度。

⑨砖垛，三皮砖以上的檐槽，砖砌腰线的体积，并入所附的墙身体积内计算。

⑩附墙烟囱（包括附墙通风道、垃圾道）按其外形体积计算，并入所依附的墙体积内。不扣除横断面积在 0.1m² 以内的孔洞的体积，但孔洞内的抹灰工料不增加。如每一孔洞横断面积超过 0.1m²，应扣除孔洞所占体积，孔洞内的抹灰应另列项计算。如砂浆强度等级不同，可按相应墙体定额执行。附墙烟囱如带缸瓦管、除灰门或垃圾道带有垃圾道门、垃圾斗、通风百叶窗、铁算子以及钢筋混凝土预制盖等，均应另列项目计算。

⑪框架结构间砌墙，分为内、外墙，以框架间的净空面积乘以墙厚度按相应的砖墙定额计算。框架外表面镶包砖部分也并入框架结构间砌墙的工程量内一并计算。

⑫围墙以"m³"计算，按相应外墙定额执行，砖垛和压顶等工程量应并入墙身内计算。

⑬暖气沟及其他砖砌沟道不分墙身和墙基，其工程量合并计算。

⑭砖砌地下室内外墙身工程量与砌砖计算方法相同，但基础与墙身的工程量合并计算，按相应内外墙定额执行。

⑮砖柱不分柱身和柱基，其工程量合并计算，按砖柱定额执行。

⑯空花墙按带有空花部分的局部外形体积以"m³"计算，空花所占体积不扣除，实砌部分另按相应定额计算。

⑰半圆旋按图示尺寸以"m³"计算，执行相应定额。

⑱零星砌体定额适用于厕所蹲台、小便槽、水池腿、煤箱、台阶、台阶挡墙、花台、花池、房上烟囱、阳台隔断墙、小型池槽、楼梯基础、垃圾箱等，以"m³"计算。

⑲炉灶按外形体积以"m³"计算，不扣除各种空洞的体积。定额中只考虑了一般的铁件及炉灶台面抹灰，如炉灶面镶贴块料面层则应另列项计算。

⑳毛石砌体按图示尺寸以"m³"计算。

㉑砌体内通风铁箅的用量按设计规定计算，但安装工已包括在相应定额内，不另计算。

4. 混凝土及钢筋混凝土工程量计算

（1）工作内容

工作内容主要包括现浇、预制、接头灌缝混凝土及混凝土构件安装、运输等。

（2）工程量计算

1）一般规定：

①混凝土及钢筋混凝土工程预算定额是综合定额，包括：模板、钢筋和混凝土各工序的工料及施工机械的耗用量。模板、钢筋不需单独计算。如与施工图规定的用量另加损耗后的数量不同时，可按实际情况调整。

②定额中模板是按木模板、工具式钢模板、定型钢模板等综合考虑的，实际采用模板不同时，不得换算。

③钢筋定额是按手工绑扎、部分焊接及点焊编制的，实际施工与定额不同时，不得换算。

④混凝土设计强度等级与定额不同时，应以定额中选定的石子粒径，按相应的混凝土配合比换算，但混凝土搅拌用水不换算。

2）工程量计算规则：

①混凝土和钢筋混凝土：以"m³"为计算单位的各种构件，均根据图示尺寸以构件的。体积计算，不扣除其中的钢筋、铁件、螺栓和预留螺栓孔洞所占的体积。

②基础垫层：混凝土的厚度在 12cm 以内者为垫层，执行基础定额。

③基础：

a. 带形基础。带形基础是指凡在墙下的基础或柱与柱之间与单独基础相连接的带形结构。与带形基础相连的杯形基础，执行杯形基础定额。

b. 独立基础。包括各种形式的独立柱和柱墩，独立基础的高度按图示尺寸计算。

c. 满堂基础。底板定额适用于无梁式和有梁式满堂基础的底板。有梁式满堂基础中的梁、柱另按相应的基础梁或柱定额执行。梁只计算凸出基础的部分；伸入基础底板的部分，并入满堂基础底板工程量内。

④柱：

a. 柱高为柱基上表面至柱顶面的高度。

b. 依附于柱上的云头、梁垫的体积另列项目计算。

c. 多边形柱，按相应的圆柱定额执行，其规格按断面对角线长套用定额。

d. 依附于柱上的牛腿的体积，并入柱身体积计算。

⑤梁：

a. 梁的长度。梁与柱交接时，梁长应按柱与柱之间的净距计算；次梁与主梁或柱交接时，次梁的长度算至柱侧面或主梁侧面；梁与墙交接时，伸入墙内的梁头应包括在梁的长度内计算。

b. 梁头处如有浇制垫块者，其体积并入梁内一起计算。

c. 凡加固墙身的梁均按圈梁计算。

d. 戗梁按设计图示尺寸以"m^3"计算。

⑥板：

a. 有梁板是指带有梁的板，按其形式可分为梁式楼板、井式楼板和密肋形楼板。梁与板的体积合并计算，应扣除面积大于 $0.3m^2$ 的孔洞所占的体积。

b. 平板是指无柱、无梁，直接由墙承重的板。

c. 亭屋面板（曲形）是指古典建筑中亭面板，为曲形状。其工程量按设计图示尺寸以体积计算。

d. 凡不同类型的楼板交接时，均以墙的中心线为分界。

e. 伸入墙内的板头，其体积应并入板内计算。

f. 现浇混凝土挑檐、天沟与现浇屋面板连接时，以外墙皮为分界线；与圈梁连接时，以圈梁外皮为分界线。

g. 戗翼板是指古建筑中的翘角部位，并连有飞椽的翼角板。椽望板是指古建筑中的飞沿部位，并连有飞椽和出沿椽重叠之板。其工程量按设计图示尺寸以体积计算。

h. 中式屋架是指古典建筑中立贴式屋架。其工程量（包括童柱、立柱、大梁）按设计图示尺寸以体积计算。

⑦枋、桁：

a. 枋子、桁条、梁垫、梓桁、云头、斗拱、椽子等构件，均按设计图示尺寸以体积计算。

b. 枋与柱交接时，枋的长度应按柱与柱间的净距计算。

⑧其他：

a. 整体楼梯。应分层按其水平投影面积计算。楼梯井宽度超过 50cm 时其面积应扣除。伸入墙内部分的体积已包括在定额内，不另计算，但楼梯基础、栏板、栏杆、扶手应另列项目套用相应定额计算。

楼梯的水平投影面积包括踏步、斜梁、休息平台、平台梁以及楼梯与楼板连接的梁。

楼梯与楼板的划分以楼梯梁的外侧面为分界。

b. 阳台、雨篷。均按伸出墙外的水平投影面积计算，伸出墙外的牛腿已包括在定额内不再计算，但嵌入墙内的梁应按相应定额另列项目计算。阳台上的栏板、栏杆及扶手均应另列项目计算，楼梯、阳台的栏板、栏杆、吴王靠（美人靠）、挂落均按"延长米"计算，其中包括楼梯伸入墙内的部分。楼梯斜长部分的栏板长度，可按其水平长度乘以系数 1.15 计算。

c. 小型构件。是指单位体积小于 $0.1m^3$ 的未列入项目的构件。

d. 古式零件。是指梁垫、云头、插角、宝顶、莲花头子、花饰块等以及单件体积小于 $0.05m^3$ 的未列入项目的古式小构件。

e. 池槽。按体积计算。

⑨装配式构件制作、安装、运输：

a. 装配式构件一律按施工图示尺寸以体积计算，空腹构件应扣除空腹体积。

b. 预制混凝土板或补现浇板缝时，按平板定额执行。

c. 预制混凝土花漏窗按其外围面积以"m²"计算，边框线抹灰另按抹灰工程规定计算。

5. 木结构工程量计算

（1）工作内容

工作内容主要包括门窗制作及安装、木装修、间壁墙、顶棚、地板、屋架等。

（2）工程量计算

1）一般规定：

①定额中凡包括玻璃安装项目的，其玻璃品种及厚度均为参考规格。如实际使用的玻璃品种及厚度与定额不同，玻璃厚度及单价应按实际情况调整，但定额中的玻璃用量不变。

②凡综合刷油者，定额中除了在项目中已注明者外，均为底油一遍，调和漆两遍，木门窗的底油包括在制作定额中。

③一玻一纱窗，不分纱扇所占的面积大小，均按定额执行。

④木墙裙项目中已包括制作安装踢脚板，其不另计算。

2）工程量计算规则：

①定额中的普通窗适用于：平开式，上、中、下悬式，中转式及推拉式。均按框外围面积计算。

②定额中的门框料是按无下坎计算的。如设计有下坎，应按相应门下坎定额执行，其工程量按门框外围宽度以"延长米"计算。

③各种门如亮子或门扇安纱扇时，纱门扇或纱亮子按框外围面积另列项目计算，纱门扇与纱亮子以门框中坎的上皮为界。

④木窗台板按"m²"计算。如图纸未注明窗台板长度和宽度时，可按窗框的外围宽度两边共加10cm计算，凸出墙面的宽度按抹灰面增加3cm计算。

⑤木楼梯（包括休息平台和靠墙踢脚板）按水平投影面积以"m²"计算（不计伸入墙内部分的面积）。

⑥挂镜线按"延长米"计算，如与窗帘盒相连接，应扣除窗帘盒长度。

⑦门窗贴脸的长度，按门窗框的外围尺寸以"延长米"计算。

⑧暖气罩、玻璃黑板按边框外围尺寸以垂直投影面积计算。

⑨木隔板按图示尺寸以"m²"计算。定额内按一般固定考虑，如用角钢托架，角钢应另行计算。

⑩间壁墙的高度按图示尺寸计算，长度按净长计算，应扣除门窗洞口，但不扣除面积在0.3m²以内的孔洞。

⑪厕所浴室木隔断，其高度自下横枋底面算至上横枋顶面，以"m²"计算，门扇面积并入隔断面积内计算。

⑫预制钢筋混凝土厕浴隔断上的门扇，按扇外围面积计算，套用厕所浴室隔断门定额。

⑬半截玻璃间壁，其上部为玻璃间壁、下部为半砖墙或其他间壁，分别计算工程量，

套用相应定额。

⑭顶棚面积以主墙实际面积计算，不扣除间壁墙、检查洞、穿过顶棚的柱、垛、附墙烟囱及水平投影面积在 $1m^2$ 以内的柱帽等所占的面积。

⑮木地板以主墙间的净面积计算，不扣除间壁墙、穿过木地板的柱、垛和附墙烟囱等所占的面积，但门和空圈的开口部分不增加。

⑯木地板定额中，木踢脚板数量不同时，均按定额执行。当设计不用木踢脚板时，可扣除其数量但人工不变。

⑰栏杆的扶手均以"延长米"计算。楼梯踏步部分的栏杆、扶手的长度可按全部水平投影长度乘以系数 1.15 计算。

⑱屋架分不同跨度，按"架"计算，屋架跨度按墙、柱中心线长度计算。

⑲楼梯底钉顶棚的工程量均以楼梯水平投影面积乘以系数 1.10，按顶棚面层定额计算。

6. 地面工程量计算

（1）工作内容

工作内容主要包括垫层、防潮层、整体面层、块料面层等。

（2）工程量计算

1）一般规定：

①混凝土强度等级及灰土、白灰焦渣、水泥焦渣的配合比与设计要求不同时，允许换算。但整体面层与块料面层的结合层或底层砂层的砂浆厚度，除定额注明允许换算外一律不得换算。

②散水、斜坡、台阶、明沟均已包括了土方、垫层、面层及沟壁。如垫层、面层的材料品种、含量与设计不同时，可以换算，但土方量和人工、机械费一律不得调整。

③随打随抹地面只适用于设计中无厚度要求的随打随抹面层，如设计中有厚度要求时，应按水泥砂浆抹地面定额执行。

2）工程量计算规则：

①楼地面层。

a. 水泥砂浆随打随抹、砖地面及混凝土面层，按主墙间的净空面积计算，应扣除凸出地面的构筑物，设备基础所占的面积（不需做面层的沟盖板所占的面积也应扣除），不扣除柱、垛、间壁墙、附墙烟囱以及 $0.3m^2$ 以内孔洞所占的面积，但门洞、空圈不增加。

b. 水磨石面层及块料面层均按图示尺寸以"m^2"计算。

②防潮层。

a. 平面。地面防潮层同地面面层，与墙面连接处的高在 50cm 以内时其展开面积的工程量，按平面定额计算；超过 50cm 者，其立面部分的全部工程量按立面定额计算。墙基防潮层，外墙长以外墙中心线长度，内墙按内墙净长乘宽度计算。

b. 立面。墙身防潮层按图示尺寸以"m^2"计算，不扣除面积在 $0.3m^2$ 以内的孔洞。

③伸缩缝：各类伸缩缝，按不同用料以"延长米"计算。外墙伸缩缝如内外双面填缝者，工程量加倍计算。伸缩缝项目，适用于屋面、墙面及地面等部位。

④踢脚板。

a. 水泥砂浆踢脚板以"延长米"计算，不扣除门洞及空圈的长度，但门洞、空圈和垛的侧壁不增加。

b. 水磨石踢脚板、预制水磨石及其他块料面层踢脚板，均按图示尺寸以净长计算。

⑤水泥砂浆及水磨石楼梯面层：以水平投影面积计算，定额内已包括踢脚板及底面抹灰、刷浆工料。楼梯井在 50cm 以内者不予扣除。

⑥散水：按外墙外边线的长度乘以宽度以"m²"计算（台阶、坡道所占的长度不扣除，四角延伸部分不增加）。

⑦坡道：以水平投影面积计算。

⑧各类台阶：均以水平投影面积计算，定额内已包括面层及面层下的砌砖或混凝土的工料。

7. 屋面工程量计算

(1) 工作内容

工作内容主要包括保温层、找平层、卷材屋面及屋面排水等。

(2) 工程量计算

1) 一般规定：

①水泥瓦、黏土瓦的规格与定额不同时，除瓦的数量可以换算外，其他工料均不得调整。

②铁皮屋面及铁皮排水项目，铁皮咬口和搭接的工料包括在定额内不另计算。铁皮厚度如与定额规定不同时，允许换算，其他工料不变。刷冷底子油一遍已综合在定额内，不另计算。

2) 工程量计算规则：

①保温层：按图示尺寸的面积乘平均厚度以"m³"计算，不扣除烟囱、风帽及水斗斜沟所占面积。

②瓦屋面：按图示尺寸的屋面投影面积乘屋面坡度延尺系数以"m²"计算，不扣除房上烟囱、风帽底座、风道、屋面小气窗和斜沟等所占面积，屋面小气窗出檐与屋面重叠部分的面积不增加，但天窗出檐部分重叠的面积应计入相应屋面工程量内。瓦屋面的出线、披水、梢头抹灰、脊瓦等工料均已综合在定额内，不另计算。

③卷材屋面：按图示尺寸的水平投影面积乘屋面坡度延尺系数以"m²"计算，不扣除房上烟囱、风帽底座、风道斜沟等所占面积，其根部弯起部分不另计算。天窗出沿部分重叠的面积应按图示尺寸以"m²"计算，并入卷材屋面工程量内，如图纸未注明尺寸，伸缩缝、女儿墙可按 25cm 计算，天窗处可按 50cm 计算，局部增加层数时，另计增加部分。

④水落管长度：按图示尺寸以展开长度计算。如无图示尺寸，由沿口下皮算至设计室外地坪以上 15cm 为止，上端与铸铁弯头连接者，算至接头处。

⑤屋面抹水泥砂浆找平层：屋面抹水泥砂浆找平层的工程量与卷材屋面相同。

8. 装饰工程量计算

(1) 工作内容

工作内容主要包括抹白灰砂浆、抹水泥砂浆等。

(2) 工程量计算

1) 一般规定：

①抹灰厚度及砂浆种类，一般不得换算。

②抹灰不分等级，定额水平是根据园林建筑质量要求较高的情况综合考虑的。

③阳台、雨篷抹灰定额内已包括底面抹灰及刷浆，不另行计算。

④凡室内净高超过 3.6m 的内檐装饰，其所需脚手架可另行计算。

⑤内檐墙面抹灰综合考虑了抹水泥窗台板，如设计要求做法与定额不同时可以换算。

⑥设计要求抹灰厚度与定额不同时，定额内砂浆体积应按比例调整，人工、机械不得调整。

2）工程量计算规则：

①工程量均按设计图示尺寸计算。

②顶棚抹灰。

a. 顶棚抹灰面积。以主墙内的净空面积计算，不扣除间壁墙、垛、柱所占的面积，带有钢筋混凝土梁的顶棚、梁的两侧抹灰面积应并入顶棚抹灰工程量内计算。

b. 密肋梁和井字梁顶棚抹灰面积。以展开面积计算。

c. 檐口顶棚的抹灰。并入相同的顶棚抹灰工程量内计算。

d. 有坡度及拱顶的顶棚抹灰面积。按展开面积以"m²"计算。

③内墙面抹灰。

a. 内墙面抹灰面积。应扣除门、窗洞口和空圈所占的面积，不扣除踢脚板、挂镜线以及面积在 0.3m² 以内的孔洞和墙与构件交接处的面积。洞口侧壁和顶面不增加，但垛的侧面抹灰应与内墙面抹灰的工程量合并计算。

内墙面抹灰的长度以主墙间的图示净长尺寸计算，其高度确定如下：

无墙裙有踢脚板，其高度由地或楼面算至板或顶棚下皮。

有墙裙无踢脚板，其高度按墙裙顶点至顶棚底面另增加 10cm 计算。

b. 内墙裙抹灰面积。以长度乘高度计算，应扣除门窗洞口和空圈所占面积，并增加窗洞口和空圈的侧壁和顶面的面积。垛的侧壁面积并入墙裙内计算。

c. 吊顶顶棚的内墙面抹灰。其高度按楼地面顶面至顶棚底面另加 10cm 计算。

d. 墙中的梁、柱等的抹灰。按墙面抹灰定额计算，其凸出墙面的梁、柱抹灰工程量按展开面积计算。

④外墙面抹灰。

a. 外墙抹灰。应扣除门、窗洞口和空圈所占的面积，不扣除面积在 0.3m² 以内的孔洞面积。门窗洞口及空圈的侧壁、垛的侧面抹灰，并入相应的墙面抹灰中计算。

b. 外墙窗间墙抹灰。以展开面积按外墙抹灰相应定额计算。

c. 独立柱及单梁等抹灰。应另列项目，其工程量按结构设计尺寸断面计算。

d. 外墙裙抹灰。按展开面积计算，门口和空圈所占面积应扣除，侧壁并入相应定额计算。

e. 阳台、雨篷抹灰。按水平投影面积计算，其中定额包括底面、上面、侧面及牛腿的全部抹灰面积。阳台的栏杆、栏板抹灰应另列项目，按相应定额计算。

f. 挑檐、天沟、腰线、栏杆扶手、门窗套、窗台线压顶等结构设计尺寸断面。以展开面积按相应定额以"m²"计算。窗台线与腰线连接时，并入腰线内计算。

外窗台抹灰长度，如设计图纸无规定，可按窗外围宽度两边加 20cm 计算，窗台展开宽度按 36cm 计算。

　　g. 水泥字。水泥字按"个"计算。

　　h. 栏板、遮阳板抹灰。以展开面积计算。

　　i. 水泥黑板，布告栏。按框外围面积计算，黑板边框抹灰及粉笔灰槽已考虑在定额内，不得另行计算。

　　j. 镶贴各种块料面层。均按设计图示尺寸以展开面积计算。

　　k. 池槽等。按图示尺寸以展开面积计算。

　　⑤刷浆，水质涂料工程。

　　a. 墙面。按垂直投影面积计算，应扣除墙裙的抹灰面积，不扣除门窗洞口面积，但垛侧壁、门窗洞口侧壁、顶面不增加。

　　b. 顶棚。按水平投影面积计算，不扣除间壁墙、垛、柱、附墙烟囱、检查洞所占面积。

　　⑥勾缝：按墙面垂直投影面积计算，应扣除墙面和墙裙抹灰面积，不扣除门窗套和腰线等零星抹灰及门窗洞口所占面积，但垛和门窗洞口侧壁和顶面的勾缝面积不增加。独立柱、房上烟囱勾缝按图示外形尺寸以"m²"计算。

　　⑦墙面贴壁纸：按图示尺寸以实铺面积计算。

9. 金属结构工程量计算

（1）工作内容

工作内容主要包括柱、梁、屋架等。

（2）工程量计算

1）一般规定：

　　①构件制作是按焊接为主考虑的。构件局部采用螺栓连接的情况，已考虑在定额内不再换算；如果构件以铆接为主，应另行补充定额。

　　②刷油定额中一般均综合考虑了金属面调和漆两遍。如设计要求与定额不同时，按装饰分部油漆定额换算。

　　③定额中的钢材价格是按各种构件的常用材料规格和型号综合测算取定的，编制预算时不得调整。如设计采用低合金钢，允许换算定额中的钢材价格。

2）工程量计算规则：

　　①构件制作、安装、运输工程量：均按设计图纸的钢材质量计算，所需的螺栓、电焊条等的质量已包括在定额内，不另增加。

　　②钢材质量计算：按设计图纸的主材几何尺寸以"t"计算，均不扣除孔眼、切肢、切边的质量，多边形按矩形计算。

　　③钢柱工程量：计算钢柱工程量时，依附于柱上的牛腿及悬臂梁的主材质量，应并入柱身主材质量计算，套用钢柱定额。

10. 园林小品工程量计算

（1）工作内容

1）园林景观小品，是指园林建设中的工艺点缀品，艺术性较强，它包括堆塑装饰和小型钢筋混凝土、金属构件等小型设施。

2）园林小摆设，是指各种仿匾额、花瓶、花盆、石鼓、坐凳、小型水盆、花坛池、花架等。

（2）工程量计算

1）堆塑装饰工程分别按展开面积以"m²"计算。

2）小型设施工程量预制或现制水磨石景窗、平板凳、花檐、角花、博古架、飞来椅、木纹板的工作内容包括：制作、安装及拆除模板，制作及绑扎钢筋，制作及浇捣混凝土，砂浆抹平，构件养护，面层磨光及现场安装。

①预制或现制水磨石景窗、平板凳、花檐、角花、博古架的工程量均按不同水磨石断面面积、预制或现制，以其长度计算，计量单位为"10m"。

②水磨木纹板的工程量按不同水磨程度，以其面积计算。制作工程量计量单位为"m²"，安装工程量计量单位为"10m²"。

3.3.3　园林景观工程工程量计算常用数据

1）假山工程量计算公式如下：

$$W = AHRK_n \qquad (3\text{-}10)$$

式中　W——石料重量（t）；

A——假山平面轮廓的水平投影面积（m²）；

H——假山着地点至最高顶点的垂直距离（m）；

R——石料比重，黄（杂）石 2.6t/m³、湖石 2.2t/m³；

K_n——折算系数，高度在 2m 以内 $K_n=0.65$，高度在 4m 以内 $K_n=0.56$。

峰石、景石、散点、踏步等工程量的计算公式：

$$W_单 = L_均 B_均 H_均 R \qquad (3\text{-}11)$$

式中　$W_单$——山石单体重量（t）；

$L_均$——长度方向的平均值（m）；

$B_均$——宽度方向的平均值（m）；

$H_均$——高度方向的平均值（m）；

R——石料比重（同前式）。

2）喷泉安装工程中常用喷头的技术参数见表 3-65。

表 3-65　常用喷头的技术参数

序号	品名	规格	技术参数				水面立管高度（cm）	接管
			工作压力（MPa）	喷水量（m³/h）	喷射高度（m）	覆盖直径（m）		
1	可调直流喷头	G½″	0.05～0.15	0.7～1.6	3～7	—	+2	外丝
2		G¾″	0.05～0.15	1.2～3	3.5～8.5	—	+2	外丝
3		G1″	0.05～0.15	3～5.5	4～11		+2	外丝
4	半球喷头	G″	0.01～0.03	1.5～3	0.2	0.7～1	+15	外丝
5		G1½″	0.01～0.03	2.5～4.5	0.2	0.9～1.2	+20	外丝
6		G2″	0.01～0.03	3～6	0.2	1～1.4	+25	外丝

续表 3-65

序号	品名	规格	技术参数				水面立管高度（cm）	接管
			工作压力（MPa）	喷水量（m³/h）	喷射高度（m）	覆盖直径（m）		
7	牵牛花喷头	G1″	0.01～0.03	1.5～3	0.5～0.8	0.5～0.7	+10	外丝
8		G1½″	0.01～0.03	2.5～4.5	0.7～1.0	0.7～0.9	+10	外丝
9		G2″	0.01～0.03	3～6	0.9～1.2	0.9～1.1	+10	外丝
10	树冰型喷头	G1″	0.1～0.2	4～8	4～6	1～2	-10	内丝
11		G1½″	0.15～0.3	6～14	6～8	1.5～2.5	-15	内丝
12		G2″	0.2～0.4	10～20	5～10	2～3	-20	内丝
13	鼓泡喷头	G1″	0.15～0.25	3～5	0.5～1.5	0.4～0.6	-20	内丝
14		G1½″	0.2～0.3	8～10	1～2	0.6～0.8	-25	内丝
15	加气鼓泡喷头	G1½″	0.2～0.3	8～10	1～2	0.6～0.8	-25	外丝
16		G2″	0.3～0.4	10～20	1.2～2.5	0.8～1.2	-25	外丝
17	加气喷头	G2″	0.1～0.25	6～8	2～4	0.8～1.1	-25	外丝
18	花柱喷头	G1″	0.05～0.1	4～6	1.5～3	2～4	+2	内丝
19		G1½″	0.05～0.1	6～10	2～4	4～6	+2	内丝
20		G2″	0.05～0.1	10～14	3～5	6～8	+2	内丝
21	旋转喷头	G1″	0.03～0.05	2.5～3.5	1.5～2.5	1.5～2.5	+2	内丝
22		G1½″	0.03～0.05	3～5	2～4	2～3	+2	外丝
23	摇摆喷头	G½″	0.05～0.15	0.7～1.6	3～7	—	—	外丝
24		G¾″	0.05～0.15	1.2～3	3.5～8.5	—	—	外丝
25	水下接线器	6头	—	—	—	—	—	
26		8头	—	—	—	—	—	

3）草袋围堰的草袋装土及堰心填土数量见表 3-66。

表 3-66　草袋围堰的草袋装土及堰心填土数量　　　　单位：m³

围堰堤高	1.5m 以上	2m 以上	2.5m 以上
草袋装土	3.00	4.00	5.00
堰心填土	0.49	1.20	2.19
每米用土量	3.49	5.20	7.19

4）砖墙大放脚折加高度见表 3-67。

表 3-67　砖墙大放脚折加高度

放脚层高	折加高度（m）													增加断面（m²）	
	$\frac{1}{2}$ 砖 (0.115)		1 砖 (0.24)		$2\frac{1}{2}$ 砖 (0.365)		2 砖 (0.49)		$2\frac{1}{2}$ 砖 (0.615)		3 砖 (0.74)				
	等高	不等高	等高	不等高	等高	不等高	等高	不等高	等高	不等高	等高	不等高	等高	不等高
一	0.137	0.137	0.066	0.066	0.043	0.043	0.032	0.032	0.026	0.026	0.021	0.021	0.01575	0.01575
二	0.411	0.342	0.197	0.164	0.129	0.108	0.096	0.08	0.077	0.064	0.064	0.053	0.04725	0.03938
三	—	—	0.394	0.328	0.259	0.216	0.193	0.161	0.154	0.128	0.128	0.106	0.0945	0.07875
四	—	—	0.656	0.525	0.432	0.345	0.321	0.257	0.256	0.205	0.213	0.17	0.1575	0.126
五	—	—	0.984	0.788	0.647	0.518	0.402	0.386	0.384	0.307	0.319	0.255	0.2363	0.189
六	—	—	1.378	1.083	0.906	0.712	0.675	0.53	0.538	0.419	0.447	0.351	0.3308	0.259
七	—	—	1.838	1.444	1.208	0.949	0.90	0.707	0.717	0.563	0.596	0.468	0.441	0.3465
八	—	—	2.363	1.838	1.553	1.208	1.157	0.90	0.922	0.717	0.766	0.796	0.567	0.4410
九	—	—	2.953	2.297	1.942	1.51	1.447	1.125	1.153	0.896	0.958	0.745	0.7088	0.5513
十	—	—	3.61	2.789	2.373	1.834	1.768	1.366	1.409	1.088	1.171	0.905	0.8663	0.6694

3.3.4　园林景观工程工程量计算与清单编制实例

【例 3-21】　有一人工塑假山，采用钢骨架，山高 10m，占地 31.2m²，假山地基为混凝土基础，35mm 厚砂石垫层，C10 混凝土厚 100mm，素土夯实。假山上有人工安置白果笋 1 支，高 2m，景石 4 块，平均长 2m、宽 1m、高 1.5m，零星点布石 5 块，平均长 1m、宽 0.6m、高 0.7m，风景石和零星点布石为黄石。假山山皮料为小块英德石，每块高 2m、宽 1.5m，共 60 块，需要人工运送 60m 远，试求其清单工程量（如图 3-24 所示）。

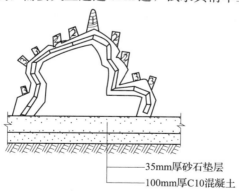

图 3-24　人工塑假山剖面图
1—白果笋；2—景石；3—零星点布石

【解】
（1）塑假山工程量
假山面积：31.2m²
（2）石笋工程量
白果笋：1 支

（3）点风景石工程量

景石：4 块

分部分项工程和单价措施项目清单与计价表见表 3-68。

表 3-68　分部分项工程和单价措施项目清单与计价表

工程名称：

序号	项目编码	项目名称	项目特征描述	计量单位	工程量	金额（元）	
						综合单价	合价
1	050301003001	塑假山	1. 人工塑假山，钢骨架，山高 10m 2. 假山地基为混凝土基础，山皮料为小块英德石	m²	31.2		
2	050301004001	石笋	高 2m	支	1		
3	050301005001	点风景石	平均长 2m，宽 1m，高 1.5m	块	4		

【例 3-22】　两坡水二毡三油卷材园林屋面，屋面防水层构造层次为：预制钢筋混凝土空心板、1：2 水泥砂浆找平层、冷底子油一道、二毡三油一砂防水层。卷材防水屋面尺寸如图 3-25 所示。试计算：

（1）有女儿墙、屋面坡度为 1：4 时的工程量。

（2）有女儿墙、坡度为 3% 时的工程量。

（3）无女儿墙有挑檐、坡度为 3% 时的工程量。

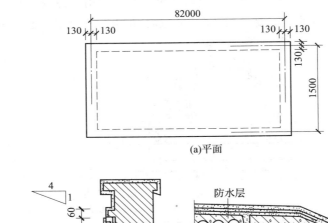

(a)平面

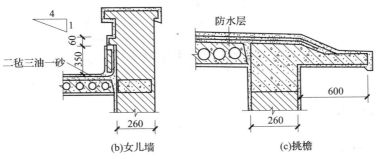

(b)女儿墙　　　(c)挑檐

图 3-25　某卷材防水墙面

【解】

（1）屋面坡度为1：4时，相应的角度为14°02′，延尺系数$C=1.0308$，则：

$$屋面工程量＝（82－0.26）×（15－0.26）×1.0308＋0.35×$$
$$（82－0.26＋15－0.26）×2$$
$$＝1434.92（m^2）$$

（2）有女儿墙，坡度3％，因坡度很小，按平屋面计算，则：

$$屋面工程量＝（82－0.26）×（15－0.26）＋（82＋15－0.52）×2×0.35$$
$$＝1272.38（m^2）$$

（3）无女儿墙有挑檐平屋面（坡度3％），按图3-25（a）及（c）及下式计算屋面工程量：

$$屋面工程量＝外墙外围水平面积＋（L_{外}＋4×檐宽）×檐宽$$
$$＝（82＋0.26）×（15＋0.26）＋［（82＋15＋0.56）×2$$
$$＋4×0.6］×0.6$$
$$＝1323.36（m^2）$$

【例3-23】　某公园园林假山如图3-26所示，计算其清单工程量（三类土）。

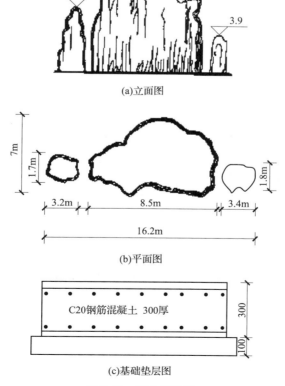

(a)立面图

(b)平面图

(c)基础垫层图

图3-26　假山示意图

【解】

(1) 平整场地

假山平整场地以其底面积乘以系数 2 以 "m²" 计算。

平均宽度：$(7+1.8) \div 2 = 4.4$（m）

长度 $= 16.2$ m

$$S = 2 \times 4.4 \times 16.2 = 142.56 \ (\text{m}^2)$$

(2) 人工挖土

1) 挖土平均宽度：

$$4.4 + (0.08 + 0.1) \times 2 = 4.76 \ (\text{m})$$

2) 挖土平均长度：

$$16.2 + (0.08 + 0.1) \times 2 = 16.56 \ (\text{m})$$

3) 挖土深度：

$$0.1 + 0.3 = 0.4 \ (\text{m})$$

$$S = 长 \times 宽 \times 高 = 4.76 \times 16.56 \times 0.4 = 31.53 \ (\text{m}^3)$$

(3) 道碴垫层（100mm 厚）

$$S = 平均宽度 \times 平均长度 \times 深度 = 4.76 \times 16.56 \times 0.1 = 7.88 \ (\text{m}^3)$$

(4) C20 钢筋混凝土垫层（300mm 厚）

1) 长 $= 16.2 + 0.1 \times 2 = 16.4$（m）

2) 宽 $= 1.4 + 0.1 \times 2 = 1.6$（m）

$$V = 长 \times 宽 \times 高 = 16.4 \times 4.6 \times 0.3 = 22.63 \ (\text{m}^3)$$

(5) 钢筋混凝土模板

$$S = V \times 模板系数 = 22.63 \times 0.26 = 5.88 \ (\text{m}^2)$$

(6) 钢筋混凝土钢筋

$$T = V \times 钢筋系数 = 22.63 \times 0.079 = 1.79 \ (\text{t})$$

(7) 假山堆砌

1) 6.3m 处：$W_a = 长 \times 宽 \times 高 \times 高度系数 \times 太湖石容重$

$$= 7 \times 8.5 \times 6.3 \times 0.55 \times 1.8 = 371.10 \ (\text{t})$$

2) 4.5m 处：$W_b = 长 \times 宽 \times 高 \times 高度系数 \times 太湖石容重$

$$= 1.7 \times 3.2 \times 4.5 \times 0.55 \times 1.8 = 24.24 \ (\text{t})$$

3) 3.9m 处：$W_c = 长 \times 宽 \times 高 \times 高度系数 \times 太湖石容重$

$$= 3.4 \times 1.8 \times 3.9 \times 0.55 \times 1.8 = 23.63 \ (\text{t})$$

太湖石总用量　$W = W_a + W_b + W_c = 371.10 + 24.24 + 23.63 = 418.97$（t）

注：本例中是三块大的较为独立的太湖石，在有的计算中可能会涉及零星散块的石头，则应根据其累计长度、平均高度、宽度来计算。

分部分项工程和单价措施项目清单与计价表见表 3-69。

表 3-69 分部分项工程和单价措施项目清单与计价表

工程名称:

序号	项目编码	项目名称	项目特征描述	计量单位	工程量	金额（元）	
						综合单价	合价
1	010101001001	平整场地	三类土	m²	142.56		
2	010101002001	挖土方	三类土，挖土厚 0.4m	m³	31.53		
3	010401006001	垫层	道碴垫层	m³	7.88		
4	010401006002	垫层	C20 钢筋混凝土垫层	m³	22.63		
5	010416001001	现浇混凝土钢筋	钢筋混凝土钢筋	t	1.79		
6	050202002001	堆砌石假山	堆砌高 6.3m，太湖石容量1.8t/m³	t	418.97		

【例 3-24】 有一带土假山为了保护山体而在假山的拐角处设置山石护角，每块石长 1m、宽 0.5m、高 0.6m。假山中修有山石台阶，每个台阶长 0.5m、宽 0.3m、高 0.15m，共 14 级，台阶为 C10 混凝土结构，表面是水泥抹面，C10 混凝土厚 130mm，1:3:6 三合土垫层厚 80mm，素土夯实，所有山石材料均为黄石。试求其清单工程量，如图 3-27 所示。

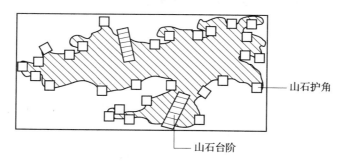

(a)假山平面图

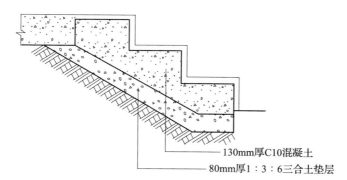

(b)台阶剖面图

图 3-27 假山示意图

【解】

（1）山（卵）石护角

$$V = 长 \times 宽 \times 高 = 1 \times 0.5 \times 0.6 \times 28 = 8.4 （m^3）$$

（2）山坡（卵）石台阶

$$S = 长 \times 宽 \times 台阶数 = 0.5 \times 0.3 \times 14 = 2.1 （m^2）$$

分部分项工程和单价措施项目清单与计价表见表3-70。

表 3-70　分部分项工程和单价措施项目清单与计价表

工程名称：

序号	项目编码	项目名称	项目特征描述	计量单位	工程量	金额（元）	
						综合单价	合价
1	050301007001	山（卵）石护角	每块石长1m、宽0.5m、高0.6m	m³	8.4		
2	050301008001	山坡（卵）石台阶	C10混凝土结构，表面是水泥抹面，C10混凝土厚130mm	m²	2.1		

【例 3-25】　如图3-28所示为某花架柱子局部平面和断面，各尺寸如图所示，共有32根柱子，柱子截面260mm×0.3mm，求挖土方工程量及现浇混凝土柱子工程量。

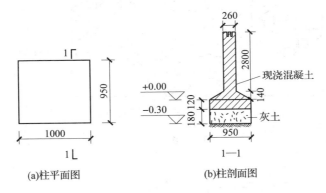

(a)柱平面图　　　　(b)柱剖面图

图 3-28　某花架柱子局部示意图

【解】

（1）挖一般土方

$$0.95 \times 1 \times （0.18 + 0.12） \times 32 = 9.12 （m^3）$$

（2）现浇混凝土花架柱、梁

$$V = \left\{ \frac{1}{3} \times 3.14 \times 0.14 \times \left[\left(\frac{0.26}{2}\right)^2 + \left(\frac{0.95}{2}\right)^2 + \frac{0.26}{2} \times \frac{0.95}{2} \right] \right.$$

$$\left. + 0.26 \times 0.3 \times 2.8 \right\} \times 32$$

$$= 8.42 （m^3）$$

分部分项工程和单价措施项目清单与计价表见表3-71。

表 3-71 分部分项工程和单价措施项目清单与计价表

工程名称：

序号	项目编码	项目名称	项目特征描述	计量单位	工程量	金额（元）	
						综合单价	合价
1	010101002001	挖一般土方	挖土深 0.3m	m³	9.12		
2	050304001001	现浇混凝土花架柱、梁	柱截面 0.26m×0.3m，柱高 2.8m，共 32 根	m³	8.42		

【例 3-26】 某以竹子为原料制作的亭子，亭子为直径 3m 的圆形，由 8 根直径 10cm 的竹子作柱子，4 根直径为 9cm 的竹子作梁，4 根直径为 7cm、长 1.6m 的竹子作檩条，64 根长 1.2m、直径为 5cm 的竹子作椽，并在檐枋下倒挂着竹子做的斜万字纹的竹吊挂楣子，宽 12cm，试求其清单工程量（结构布置如图 3-29 所示）。

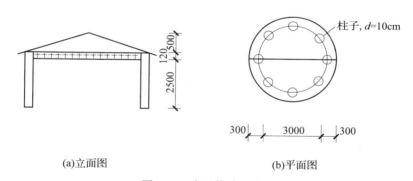

(a)立面图　　　　　　(b)平面图

图 3-29 亭子构造示意图

【解】

（1）竹柱

$$2.5×8＝20（m）$$

（2）竹梁

$$1.8×4＝7.2（m）$$

（3）竹檩

$$1.6×4＝6.4（m）$$

（4）竹椽

$$1.2×64＝76.8（m）$$

（5）竹吊挂楣子

$$亭子的周长×竹吊挂楣子宽度＝3.14×3×0.12＝1.13（m²）$$

分部分项工程和单价措施项目清单与计价表见表 3-72。

表 3-72　分部分项工程和单价措施项目清单与计价表

工程名称：竹亭工程

序号	项目编码	项目名称	项目特征描述	计量单位	工程量	金额（元）	
						综合单价	合价
1	050302004001	竹柱	竹柱直径为 10cm	m	20		
2	050302004002	竹梁	竹梁直径为 9cm	m	7.2		
3	050302004003	竹檩	竹檩条直径为 7cm	m	6.4		
4	050302004004	竹椽	竹椽直径为 5cm	m	76.8		
5	050302006001	竹吊挂楣子	斜万字纹吊挂楣子，宽 12cm	m²	1.13		

【例 3-27】　如图 3-30 所示为某园林小品标志牌，数量为 15 个，求其工程量。

图 3-30　标志牌（单位：mm）

【解】

（1）清单工程量

标志牌：15 个

（2）定额工程量

标志牌：

$$S＝长×宽×数量＝0.65×0.4×15＝3.9（m^2）$$

【例 3-28】　现有一竹制的小屋，结构造型如图 3-31 所示，小屋长×宽×高为 5.2m×4m×2.5m，已知竹梁所用竹子直径为 12cm，竹檩条所用竹子直径为 8cm，做竹椽所用竹子直径为 5cm，竹编墙所用竹子直径为 1cm，采用竹框墙龙骨，竹屋面所用的竹子直径为 1.5cm，试求其清单工程量（该屋子有一高 1.8m、宽 1.2m 的门）。

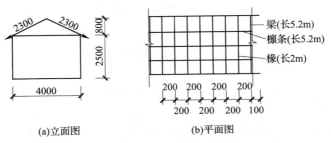

图 3-31　屋子构造示意图

【解】

（1）竹柱、梁、檩、椽

$$横梁工程量=5.2×3=15.6（m）$$
$$斜梁工程量=2.3×4=9.2（m）$$
$$竹椽工程量=2×40=80（m）$$
$$檩条工程量=5.2×2=10.4（m）$$

（2）竹编墙

$$（5.2×2.5-1.8×1.2）+5.2×2.5+4×2.5×2=43.84（m^2）$$

（3）竹屋面

$$竹屋面的工程量=侧斜面面积×2=5.2×2.3×2=23.92（m^2）$$

分部分项工程和单价措施项目清单与计价表见表 3-73。

表 3-73　分部分项工程和单价措施项目清单与计价表

工程名称：

序号	项目编码	项目名称	项目特征描述	计量单位	工程量	金额（元）	
						综合单价	合价
1	050302004001	竹梁	竹子直径为 12cm	m	15.6		
2	050302004002	竹梁	竹子直径为 12cm	m	9.2		
3	050302004003	竹椽	竹子直径为 5cm	m	80		
4	050302004004	竹檩	竹子直径为 8cm	m	10.4		
5	050302005001	竹编墙	竹子直径为 1cm，采用竹框墙龙骨	m²	43.84		
6	050303002001	竹屋面	直径为 15mm 的竹子铺设	m²	23.92		

【例 3-29】　如图 3-32 所示，求预制混凝土花架柱、梁的工程量。

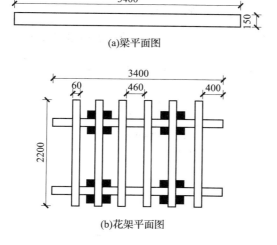

(a)梁平面图

(b)花架平面图

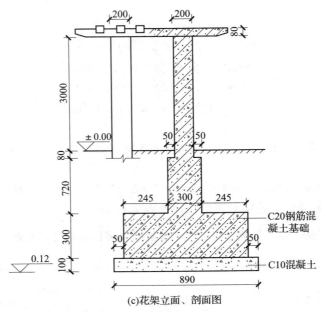

(c)花架立面、剖面图

图 3-32　花架示意图（mm）

注：1. 尺寸单位：标高为 m，其他为 mm。

　　2. 混凝土：基础部分为 C20，其他梁、柱均为 C25。

　　3. 混凝土柱的宽厚一样，为 200mm。

【解】

（1）清单工程量

1）混凝土柱架：

$$V=长\times宽\times厚\times数量$$
$$=[(3+0.08)\times0.2\times0.2+0.72\times0.3\times0.3]\times4$$
$$=0.75（m^3）$$

2）混凝土梁：

$$V=长\times宽\times厚\times数量=3.4\times0.15\times0.08\times2=0.08（m^3）$$

分部分项工程和单价措施项目清单与计价表见表 3-74。

表 3-74　分部分项工程和单价措施项目清单与计价表

工程名称：

序号	项目编码	项目名称	项目特征描述	计量单位	工程量	金额（元）	
						综合单价	合价
1	050304002001	预制混凝土花架柱	1. 柱截面 200mm×200mm 2. 柱高 3m 3. 共 4 根	m³	0.75		
2	050304002002	预制混凝土花架梁	1. 梁截面 150mm×80mm 2. 梁长 3.4m 3. 共 2 根	m³	0.08		

（2）定额工程量

定额工程量同清单工程量。

【**例 3-30**】　　如图 3-33 所示，为一园林景墙局部示意图，求挖地槽工程量、平整场地工程量、C10 混凝土基础工程量、砌景墙工程量（均求定额工程量）。

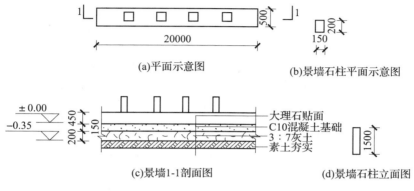

图 3-33　景墙局部示意图

【**解**】

定额工程量

（1）挖地槽

$$V=长×宽×开挖高=20×0.5×0.35=3.5（m^3）$$

（2）平整场地（每边各加 2m 计算）

$$S=（长+4）×（宽+4）=（20+4）×（0.5+4）=108（m^2）$$

（3）C10 混凝土基础垫层

$$V=长×垫层断面=20×0.15×0.5=1.5（m^3）$$

（4）砌景墙

$$V=V_{底部}+V_{石柱}=20+0.45×0.5+0.15×0.2×1.5×4=4.68（m^3）$$

3.4　措施项目工程量计算及清单编制实例

3.4.1　措施项目清单工程量计算规则

1. 脚手架工程

脚手架工程工程量清单项目设置、项目特征描述的内容、计量单位、工程量计算规则应按表 3-75 的规定执行。

表 3-75　脚手架工程（编码：050401）

项目编码	项目名称	项目特征	计量单位	工程量计算规则	工作内容
050401001	砌筑脚手架	1. 搭设方式 2. 墙体高度	m²	按墙的长度乘墙的高度以面积计算（硬山建筑山墙高算至山尖）。独立砖石柱高度在 3.6m 以内时，以柱结构周长乘以柱高计算，独立砖石柱高度在 3.6m 以上时，以柱结构周长加 3.6m 乘以柱高计算 凡砌筑高度在 1.5m 及以上的砌体，应计算脚手架	1. 场内、场外材料搬运 2. 搭、拆脚手架、斜道、上料平台 3. 铺设安全网 4. 拆除脚手架后材料分类堆放
050401002	抹灰脚手架	1. 搭设方式 2. 墙体高度	m²	按抹灰墙面的长度乘高度以面积计算（硬山建筑山墙高算至山尖）。独立砖石柱高度在 3.6m 以内时，以柱结构周长乘以柱高计算，独立砖石柱高度在 3.6m 以上时，以柱结构周长加 3.6m 乘以柱高计算	
050401003	亭脚手架	1. 搭设方式 2. 檐口高度	1. 座 2. m²	1. 以座计量，按设计图示数量计算 2. 以平方米计量，按建筑面积计算	

续表 3-75

项目编码	项目名称	项目特征	计量单位	工程量计算规则	工作内容
050401004	满堂脚手架	1. 搭设方式 2. 施工面高度	m²	按搭设的地面主墙间尺寸以面积计算	1. 场内、场外材料搬运 2. 搭、拆脚手架、斜道、上料平台 3. 铺设安全网 4. 拆除脚手架后材料分类堆放
050401005	堆砌（塑）假山脚手架	1. 搭设方式 2. 假山高度		按外围水平投影最大矩形面积计算	
050401006	桥身脚手架	1. 搭设方式 2. 桥身高度		按桥基础底面至桥面平均高度乘以河道两侧宽度以面积计算	
050401007	斜道	斜道高度	座	按搭设数量计算	

2. 模板工程

模板工程工程量清单项目设置、项目特征描述的内容、计量单位、工程量计算规则应按表 3-76 的规定执行。

表 3-76 模板工程（编码：050402）

项目编码	项目名称	项目特征	计量单位	工程量计算规则	工作内容
050402001	现浇混凝土垫层	厚度	m²	按混凝土与模板的接触面积计算	1. 制作 2. 安装 3. 拆除 4. 清理 5. 刷隔离剂 6. 材料运输
050402002	现浇混凝土路面				
050402003	现浇混凝土路牙、树池围牙	高度			
050402004	现浇混凝土花架柱	断面尺寸			
050402005	现浇混凝土花架梁	1. 断面尺寸 2. 梁底高度			
050402006	现浇混凝土花池	池壁断面尺寸			

续表 3-76

项目编码	项目名称	项目特征	计量单位	工程量计算规则	工作内容
050402007	现浇混凝土桌凳	1. 桌凳形状 2. 基础尺寸、埋设深度 3. 桌面尺寸、支墩高度 4. 凳面尺寸、支墩高度	1. m³ 2. 个	1. 以立方米计量，按设计图示混凝土体积计算 2. 以个计量，按设计图示数量计算	1. 制作 2. 安装 3. 拆除 4. 清理 5. 刷隔离剂 6. 材料运输
050402008	石桥拱券石、石券脸胎架	1. 胎架面高度 2. 矢高、弦长	m²	按拱券石、石券脸弧形底面展开尺寸以面积计算	

3. 树木支撑架、草绳绕树干、搭设遮阴（防寒）棚工程

树木支撑架、草绳绕树干、搭设遮阴（防寒）棚工程工程量清单项目设置、项目特征描述的内容、计量单位、工程量计算规则应按表 3-77 的规定执行。

表 3-77　树木支撑架、草绳绕树干、搭设遮阴（防寒）棚工程（编码：050403）

项目编码	项目名称	项目特征	计量单位	工程量计算规则	工作内容
050403001	树木支撑架	1. 支撑类型、材质 2. 支撑材料规格 3. 单株支撑材料数量	株	按设计图示数量计算	1. 制作 2. 运输 3. 安装 4. 维护
050403002	草绳绕树干	1. 胸径（干径） 2. 草绳所绕树干高度			1. 搬运 2. 绕杆 3. 余料清理 4. 养护期后清除
050403003	搭设遮阴（防寒）棚	1. 搭设高度 2. 搭设材料种类、规格	1. m² 2. 株	1. 以平方米计量，按遮阴（防寒）棚外围覆盖层的展开尺寸以面积计算 2. 以株计量，按设计图示数量计算	1. 制作 2. 运输 3. 搭设、维护 4. 养护期后清除

4. 围堰、排水工程

围堰、排水工程工程量清单项目设置、项目特征描述的内容、计量单位、工程量计算规则应按表3-78的规定执行。

表3-78　围堰、排水工程（编码：050404）

项目编码	项目名称	项目特征	计量单位	工程量计算规则	工程内容
050404001	围堰	1. 围堰断面尺寸 2. 围堰长度 3. 围堰材料及灌装袋材料品种、规格	1. m³ 2. m	1. 以立方米计量，按围堰断面面积乘以堤顶中心线长度以体积计算 2. 以米计量，按围堰堤顶中心线长度以延长米计算	1. 取土、装土 2. 堆筑围堰 3. 拆除、清理围堰 4. 材料运输
050404002	排水	1. 种类及管径 2. 数量 3. 排水长度	1. m³ 2. 天 3. 台班	1. 以立方米计量，按需要排水量以体积计算，围堰排水按堰内水面面积乘以平均水深计算 2. 以天计量，按需要排水日历天计算 3. 以台班计量，按水泵排水工作台班计算	1. 安装 2. 使用、维护 3. 拆除水泵 4. 清理

5. 安全文明施工及其他措施项目

安全文明施工及其他措施项目工程量清单项目设置、计量单位、工作内容及包含范围应按表 3-79 的规定执行。

表 3-79　安全文明施工及其他措施项目（编码：050405）

项目编码	项目名称	工作内容及包含范围
050405001	安全文明施工	1. 环境保护：现场施工机械设备降低噪声、防扰民措施；水泥、种植土和其他易飞扬细颗粒建筑材料密闭存放或采取覆盖措施等；工程防扬尘洒水；土石方、杂草、种植遗弃物及建渣外运车辆防护措施等；现场污染源的控制、生活垃圾清理外运、场地排水排污措施；其他环境保护措施 2. 文明施工："五牌一图"；现场围挡的墙面美化（包括内外粉刷、刷白、标语等）、压顶装饰；现场厕所便槽刷白、贴面砖，水泥砂浆地面或地砖，建筑物内临时便溺设施；其他施工现场临时设施的装饰装修、美化措施；现场生活卫生设施；符合卫生要求的饮水设备、淋浴、消毒等设施；生活用洁净燃料；防煤气中毒、防蚊虫叮咬等 措施；施工现场操作场地的硬化；现场绿化、治安综合治理；现场配备医药保健器材、物品和急救人员培训；用于现场工人的防暑降温、电风扇、空调等设备及用电；其他文明施工措施 3. 安全施工：安全资料、特殊作业专项方案的编制，安全施工标志的购置及安全宣传；"三宝"（安全帽、安全带、安全网）、"四口"（楼梯口、管井口、通道口、预留洞口）、"五临边"（园桥围边、驳岸围边、跌水围边、槽坑围边、卸料平台两侧），水平防护架、垂直防护架、外架封闭等防护；施工安全用电，包括配电箱三级配电、两级保护装置要求、外电防护措施；起重设备（含起重机、井架、门架）的安全防护措施（含警示标志）及卸料平台的临边防护、层间安全门、防护棚等设施；园林工地起重机械的检验检测；施工机具防护棚及其围栏的安全保护设施；施工安全防护通道；工人的安全防护用品、用具购置；消防设施与消防器材的配置；电气保护、安全照明设施；其他安全防护措施 4. 临时设施：施工现场采用彩色、定型钢板，砖、混凝土砌块等围挡的安砌、维修、拆除；施工现场临时建筑物、构筑物的搭设、维修、拆除，如临时宿舍、办公室、食堂、厨房、厕所、诊疗所、临时文化福利用房、临时仓库、加工场、搅拌台、临时简易水塔、水池等；施工现场临时设施的搭设、维修、拆除，如临时供水管道、临时供电管线、小型临时设施等；施工现场规定范围内临时简易道路铺设，临时排水沟、排水设施安砌、维修、拆除；其他临时设施搭设、维修、拆除
050405002	夜间施工	1. 夜间固定照明灯具和临时可移动照明灯具的设置、拆除 2. 夜间施工时施工现场交通标志、安全标牌、警示灯等的设置、移动、拆除 3. 夜间照明设备及照明用电、施工人员夜班补助、夜间施工劳动效率降低等

续表 3-79

项目编码	项目名称	工作内容及包含范围
050405003	非夜间施工照明	为保证工程施工正常进行，在如假山石洞等特殊施工部位施工时所采用的照明设备的安拆、维护及照明用电等
050405004	二次搬运	由于施工场地条件限制而发生的材料、植物、成品、半成品等一次运输不能到达堆放地点，必须进行的二次或多次搬运
050405005	冬雨季施工	1. 冬雨（风）季施工时增加的临时设施（防寒保温、防雨、防风设施）的搭设、拆除 2. 冬雨（风）季施工时对植物、砌体、混凝土等采用的特殊加温、保温和养护措施 3. 冬雨（风）季施工时施工现场的防滑处理，对影响施工的雨雪的清除 4. 冬雨（风）季施工时增加的临时设施、施工人员的劳动保护用品、冬雨（风）季施工劳动效率降低等
050405006	反季节栽植影响措施	因反季节栽植在增加材料、人工、防护、养护、管理等方面采取的种植措施及保证成活率措施
050405007	地上、地下设施的临时保护设施	在工程施工过程中，对已建成的地上、地下设施和植物进行的遮盖、封闭、隔离等必要保护措施
050405008	已完工程及设备保护	对已完工程及设备采取的覆盖、包裹、封闭、隔离等必要的保护措施

注：本表所列项目应根据工程实际情况计算措施项目费用，需分摊的应合理计算摊销费用。

3.4.2　措施项目定额工程量计算规则

1. 工程内容
脚手架工程工作内容包括脚手架架设、加固等。

2. 工程量计算

（1）一般规定

1）凡单层建筑，套用单层建筑综合脚手架定额；两层以上建筑套用多层建筑综合脚手架定额。

2）单层综合脚手架适用于檐高 20m 以内的单层建筑，多层综合脚手架适用于檐高 140m 以内的多层建筑。

3）综合脚手架定额中包括内外墙砌筑脚手架、墙面粉饰脚手架，单层建筑的综合脚手架还包括顶棚装饰脚手架。

4）各项脚手架定额中均不包括脚手架的基础加固，如需加固时，加固费用按实际情况计算。

（2）工程量计算规则

1）建筑物的檐高。应以设计室外地坪到檐口滴水的高度为准。有女儿墙者，其高度算到女儿墙顶面；带挑檐者，其高度算到挑檐下皮。多跨建筑物如高度不同，应分别按不同高度计算。同一建筑物有不同结构时，以建筑面积比重较大者为准。前后檐高度不同时，以较高的檐高为准。

2）综合脚手架。按建筑面积以"m²"计算。

3）围墙脚手架。按内墙脚手架定额执行，其高度由自然地坪算至围墙顶面，长度按围墙中心线计算，不扣除大门面积，也不另行增加独立门柱的脚手架。

4）独立砖石柱的脚手架。按单排外墙脚手架定额执行，其工程量按柱截面的周长另加 3.6m，再乘柱高以"m²"计算。

5）凡不适宜使用综合脚手架定额的建筑物，均可按以下规定计算，执行单项脚手架定额。

①砌墙脚手架按墙面垂直投影面积计算。外墙脚手架长度按外墙外边线计算，内墙脚手架长度按内墙净长计算，高度按自然地坪到墙顶的总高计算。

②檐高 15m 以上的建筑物的外墙砌筑脚手架，一律按双排脚手架计算。

③檐高 15m 以内的建筑物，室内净高 4.5m 以内者，内外墙砌筑，均应按内墙脚手架计算。

4 园林工程工程量清单计价编制实例

4.1 工程量清单编制实例

现以某园区园林绿化工程为例介绍工程量清单编制（由委托工程造价咨询人编制）。

1. 封面

招标工程量清单封面应填写招标工程项目的具体名称，招标人应盖单位公章，如委托工程造价咨询人编制，还应由其加盖相同单位公章。

招标人委托工程造价咨询人编制招标工程量清单的封面，除招标人盖单位公章外，还应加盖受委托编制招标工程量清单的工程造价咨询人的单位公章。

封-1　招标工程量清单封面

__<u>　　某园区园林绿化　　</u>__ 工程

招标工程量清单

招　标　人：　<u>　　　×× 公司　　　</u>

（单位盖章）

造价咨询人：　<u>　×× 工程造价咨询企业　</u>

（单位盖章）

××年×月×日

2. 扉页

1）招标人自行编制工程量清单时，招标工程量清单扉页由招标人单位注册的造价人员编制，招标人盖单位公章，法定代表人或其授权人签字或盖章。编制人是造价工程师的，由其签字盖执业专用章；编制人是造价员的，在编制人栏签字盖专用章，应由造价工程师复核，并在复核人栏签字盖执业专用章。

2）招标人委托工程造价咨询人编制工程量清单时，招标工程量清单扉页由工程造价咨询人单位注册的造价人员编制，工程造价咨询人盖单位资质专用章，法定代表人或其授权人签字或盖章。编制人是造价工程师的，由其签字盖执业专用章；编制人是造价员的，在编制人栏签字盖专用章，应由造价工程师复核，并在复核人栏签字盖执业专用章。

扉-1　招标工程量清单扉页

某园区园林绿化　工程

招标工程量清单

招标人：　　××公司　　　　　　造价咨询人：　　××工程造价咨询企业
　　　　　（单位盖章）　　　　　　　　　　　　　（单位资质专用章）

法定代表人　　　　　　　　　　　法定代表人
或其授权人：　　××公司代表人　　或其授权人：　　××工程造价咨询企业代表人
　　　　　（签字或盖章）　　　　　　　　　　　（签字或盖章）

编制人：　　××造价工程师或造价员　　复核人：　　××造价工程师
　　　　（造价人员签字盖专用章）　　　　　　（造价工程师签字盖专用章）

编制时间：××年×月×日　　　　　　复核时间：××年×月×日

---

3. 总说明

编制工程量清单总说明的内容应包括：

1）工程概况：如建设地址、建设规模、工程特征、交通状况、环保要求等。

2）工程发包、分包范围。

3）工程量清单编制依据：如采用的标准、施工图纸、标准图集等。

4）使用材料设备、施工的特殊要求等。

5）其他需要说明的问题。

表-01　总　说　明

工程名称：某园区园林绿化工程　　　　　　　　　　　　　　　　第1页　共1页

---

　　1. 工程概况：本园区位于××区，交通便利，园区中建筑与市政建设均已完成。园区园林绿化面积约为850m²，整个工程由圆形花坛、伞亭、连座花坛、花架、八角花坛以及绿地组成。栽种的植物主要有桧柏、垂柳、龙爪槐、大叶黄杨、金银木、珍珠海、月季等。

　　2. 招标范围：绿化工程、庭院工程。

　　3. 工程质量要求：优良工程。

　　4. 工程量清单编制依据：

　　（1）《建设工程工程量清单计价规范》GB 50500—2013。

　　（2）《园林绿化工程工程量计算规范》GB 50858—2013。

　　（3）××单位设计的本工程施工设计图纸计算实物工程量。

　　5. 投标人在投标文件中应按《建设工程工程量清单计价规范》GB 50500—2013规定的统一格式，提供"分部分项工程量清单综合单价分析表"、"措施项目费分析表"。

　　6. 其他：略。

---

4. 分部分项工程和单价措施项目清单与计价表

编制工程量清单时，分部分项工程和单价措施项目清单与计价表中，"工程名称"栏应填写具体的工程称谓；"项目编码"栏应按相关工程国家计量规范项目编码栏内规定的9位数字另加3位顺序码填写；"项目名称"栏应按相关工程国家计量规范根据拟建工程实际确定填写；"项目描述"栏应按相关工程国家计量规范根据拟建工程实际予以描述。

"项目描述"栏的具体要求如下：

1）必须描述的内容：

①涉及正确计量的内容必须描述。

②涉及结构要求的内容必须描述。如混凝土构件的混凝土强度等级，是使用 C20、C30 或 C40 等，因混凝土强度等级不同，其价值也不同，必须描述。

③涉及材质要求的内容必须描述。如管材的材质，是碳钢管还是塑料管、不锈钢管等；还需要对管材的规格、型号进行描述。

④涉及安装方式的内容必须描述。如管道工程中的钢管的连接方式是螺纹连接还是焊接；塑料管是粘结连接还是热熔连接等必须描述。

2）可不详细描述的内容：

①无法准确描述的可不详细描述。如土壤类别，由于我国幅员辽阔，南北东西差异较大，特别是对于南方来说，在同一地点，由于表层与表层土以下的土壤，其类别是不同的，要求清单编制人准确判定某类土壤在石方中所占比例是困难的。在这种情况下，可考虑将土壤类别描述为综合，但应注明由投标人根据地勘资料自行确定土壤类别，决定报价。

②施工图纸、标准图集明确的，可不再详细描述。对这些项目可描述为见××图集××页号及节点大样等。由于施工图纸、标准图集是发承包双方都应遵守的技术文件，这样描述，可以有效减少在施工过程中对项目理解的不一致。

③有一些项目虽然可不详细描述，但清单编制人在项目特征描述中应注明由投标人自定，如土方工程中的"取土运距"、"弃土运距"等。

④一些地方以项目特征见××定额的表述也是值得考虑的。由于现行定额经过了几十年的贯彻实施，每个定额项目实质上都是一定项目特征下的消耗量标准及其价值表示，因此，如清单项目的项目特征与现行定额某些项目的规定是一致的，也可采用见××定额项目的方式予以表述。

3）特征描述的方式。特征描述的方式大致可划分为"问答式"与"简化式"两种。

①问答式主要是工程量清单编写者直接采用工程计价软件上提供的规范，在要求描述的项目特征上采用答题的方式进行描述。这种方式的优点是全面、详细，缺点是显得啰嗦，打印用纸较多。

②简化式则与问答式相反，对需要描述的项目特征内容根据当地的用语习惯，采用口语化的方式直接表述，省略了规范上的描述要求，简洁明了，打印用纸较少。

"计量单位"应按相关工程国家计量规范的规定填写。有的项目规范中有两个或两个以上计量单位的，应按照最适宜计量的方式选择其中一个填写。

"工程量"应按相关工程国家计量规范规定的工程量计算规则计算填写。

按照本表的注示：为了记取规费等的使用，可在表中增设其中："定额人工费"，由于各省、自治区、直辖市以及行业建设主管部门对规费记取基础的不同设置，可灵活处理。

表-08 分部分项工程和单价措施项目清单与计价表 (一)

工程名称：某园区园林绿化工程　　　　标段：　　　　第 1 页 共 4 页

序号	项目编码	项目名称	项目特征描述	计量单位	工程量	综合单价	合价	其中 暂估价
			0501 绿化工程					
1	050101010001	整理绿化用地	整理绿化用地，普坚土	株	834.36			
2	050102001001	栽植乔木	桧柏，高 1.2～1.5m，土球苗木	株	4			
3	050102001002	栽植乔木	垂柳，胸径 4.0～5.0m，露根乔木	株	7			
4	050102001003	栽植乔木	龙爪槐，胸径 3.5～4m，露根乔木	株	6			
5	050102001004	栽植乔木	大叶黄杨，胸径 1～1.2m，露根乔木	株	6			
6	050102001005	栽植乔木	珍珠海，高 1～1.2m，露根乔木	株	62			
7	050102002001	栽植灌木	金银木，高 1.5～1.8m，露根灌木	株	92			
8	050102008001	栽植花卉	各色月季，二年生，露地花卉	株	124			
9	050102012001	铺种草皮	野牛草，草皮	m²	468			
10	050103001001	喷灌管线安装	主线管挖土深度 1m，支线管挖土深度 0.6m，二类土。主管管长 21m，支管管长 98.6m	m	75.89			
11	050103001001	喷灌配件安装	5004 型喷头 41 个，P33 型快速取水阀 10 个，水表 1 组截止阀	m	78.90			
			分部小计					
			本页小计					
			合　　计					

注：为计取规费等的使用，可在表中增设其中："定额人工费"。

表-08　分部分项工程和单价措施项目清单与计价表（二）

工程名称：某园区园林绿化工程　　　　　　标段：　　　　　　　第2页　共4页

序号	项目编码	项目名称	项目特征描述	计量单位	工程量	金额（元）		其中
						综合单价	合价	暂估价
			0502 园路、路桥、假山工程					
11	050201001001	园路	200mm 厚砂垫层，150mm 厚 3：7灰土垫层，水泥方格砖路面	m²	180.60			
12	010101002001	挖一般土方	普坚土，挖土平均厚度 350mm，弃土运距 100m	m³	61.81			
13	050201003001	路牙铺设	3：7 灰土垫层 150mm 厚，花岗石	m³	96.27			
			分部小计					
			0503 园林景观工程					
14	050304002001	预制混凝土花架柱、梁	柱6根，高2.2m	m³	2.42			
15	050305005001	预制混凝土桌凳	C20 预制混凝土座凳，水磨石面	个	8			
16	011203001001	零星项目一般抹灰	檩架抹水泥砂浆	m²	60.80			
17	010101003001	挖沟槽土方	挖八角花坛土方，人工挖地槽，土方运距 100m	m³	10.84			
18	010101003002	挖沟槽土方	连座花坛土方，平均挖土深度 870mm，普坚土，弃土运距 100m	m³	9.32			
19	010101003003	挖沟槽土方	挖座凳土方，平均挖土深度 80mm，普坚土，弃土运距 100m	m³	0.06			
			分部小计					
			本页小计					
			合　　计					

注：为计取规费等的使用，可在表中增设其中："定额人工费"。

表-08 分部分项工程和单价措施项目清单与计价表（三）

工程名称：某园区园林绿化工程   标段：   第3页 共4页

序号	项目编码	项目名称	项目特征描述	计量单位	工程量	综合单价	合价	其中暂估价
			0503 园林景观工程					
20	010101003004	挖沟槽土方	挖花台土方，平均挖土深度640mm，普坚土，弃土运距100m	m³	6.75			
21	010101003005	挖沟槽土方	挖花墙花台土方，平均深度940mm，普坚土，弃土运距100m	m³	11.83			
22	010101003006	挖沟槽土方	挖圆形花坛土方，平均深度800mm，普坚土，弃土运距100m	m³	3.92			
23	010507007001	其他构件	八角花坛混凝土池壁，C10混凝土现浇	m³	7.36			
24	010507007002	其他构件	连座花坛混凝土花池，C25混凝土现浇	m³	2.78			
25	010507007003	其他构件	花台混凝土花池，C25混凝土现浇	m³	2.82			
26	010507007004	其他构件	圆形花坛混凝土池壁，C25混凝土现浇	m³	2.73			
27	011204001001	石材墙面	圆形花坛混凝土池壁贴大理石	m²	11.12			
28	011204001002	石材墙面	花台混凝土花池池面贴花岗石	m²	4.66			
29	011204001003	石材墙面	花墙花台墙面贴青石板	m²	27.83			
			分部小计					
			本页小计					
			合 计					

注：为计取规费等的使用，可在表中增设其中："定额人工费"。

表-08　分部分项工程和单价措施项目清单与计价表（四）

工程名称：某园区园林绿化工程　　　　　标段：　　　　　　　第4页　共4页

序号	项目编码	项目名称	项目特征描述	计量单位	工程量	金额（元）		
						综合单价	合价	其中暂估价
			0503 园林景观工程					
30	011204001004	石材墙面	圆形花坛混凝土池壁贴大理石	m²	10.05			
31	010501003001	现浇混凝土独立基础	3：7灰土垫层，100m厚	m³	1.16			
32	010401003002	现浇混凝土独立基础	3：7混凝土垫层，300mm厚	m³	1.06			
33	011202001001	柱面一般抹灰	混凝土柱水泥砂浆抹面	m²	10.23			
34	010401003001	实心砖墙	M5混合砂浆砌筑，普通砖	m³	4.97			
35	010401003002	实心砖墙	砖砌花台，M5混合砂浆，普通砖	m³	2.47			
36	010401003003	实心砖墙	砖砌花台，M5混合砂浆，普通砖	m³	8.29			
37	010501002001	现浇混凝土带形基础	花墙花台混凝土基础，C25混凝土现浇	m³	1.35			
38	010606013001	零星钢构件	花墙花台铁花式，— 60×6，2.83kg/m	t	0.12			
39	010502001001	现浇混凝土矩形柱	混凝土柱，C25混凝土现浇	m³	1.90			
40	011202001001	柱面一般抹灰	混凝土柱水泥砂浆抹面	m²	10.30			
41	011205002001	块料柱面	混凝土柱面镶贴块料面层	m²	10.30			
			分部小计					
			本页小计					
			合　计					

注：为记取规费等的使用，可在表中增设其中："定额人工费"。

5. 总价措施项目清单与计价表

编制工程量清单时，总价措施项目清单与计价表中的项目可根据工程实际情况进行增减。

表-11　总价措施项目清单与计价表

工程名称：某园区园林绿化工程　　　　　标段：　　　　　　　第1页　共1页

序号	项目编码	项目名称	计算基础	费率（%）	金额（元）	调整费率（%）	调整后金额（元）	备注
1	050405001001	安全文明施工费						
2	050405002001	夜间施工增加费						
3	050405004001	二次搬运费						
4	050405005001	冬、雨季施工增加费						
5	050405008001	已完工程及设备保护费						
		合　计						

编制人（造价人员）：　　　　　　　　　　　　复核人（造价工程师）：

注：1. "计算基础"中安全文明施工费可为"定额基价"、"定额人工费"或"定额人工费＋定额机械费"，其他项目可为"定额人工费"或"定额人工费＋定额机械费"。

2. 按施工方案计算的措施费，若无"计算基础"和"费率"的数值，也可只填"金额"数值，但应在备注栏说明施工方案出处或计算方法。

6. 其他项目清单与计价汇总表

编制招标工程量清单时，其他项目清单与计价汇总表应汇总"暂列金额"和"专业工程暂估价"，以提供给投标报价。

表-12　其他项目清单与计价汇总表

工程名称：某园区园林绿化工程　　　　　标段：　　　　　　　　第1页　共1页

序号	项目名称	金额（元）	结算金额（元）	备注
1	暂列金额	40000.00		明细详见表-12-1
2	暂估价	20000.00		
2.1	材料（工程设备）暂估价	—		明细详见表-12-2
2.2	专业工程暂估价	20000.00		明细详见表-12-3
3	计日工			明细详见表-12-4
4	总承包服务费			明细详见表-12-5
5				
	合　　计	60000.00		—

注：材料（工程设备）暂估单价进入清单项目综合单价，此处不汇总。

（1）暂列金额明细表

投标人只需要直接将招标工程量清单中所列的暂列金额纳入投标总价，并且不需要在所列的暂列金额以外再考虑任何其他费用。

表-12-1　暂列金额明细表

工程名称：某园区园林绿化工程　　　　　标段：　　　　　　　　第1页　共1页

序号	项目名称	计量单位	暂列金额（元）	备注
1	政策性调整和材料价格风险	项	20000.00	
2	工程量清单中工程量变更和设计变更	项	10000.00	
3	其他	项	10000.00	
	合　　计		40000.00	

注：此表由招标人填写，如不能详列，也可只列暂定金额总额，投标人应将上述暂列金额计入投标总价中。

（2）材料 （工程设备） 暂估单价及调整表

一般而言，招标工程量清单中列明的材料、工程设备的暂估价仅指此类材料、工程设备本身运至施工现场内工地地面价，不包括这些材料、工程设备的安装以及安装所必需的辅助材料以及发生在现场内的验收、存储、保管、开箱、二次搬运、从存放地点运至安装地点以及其他任何必要的辅助工作（以下简称"暂估价项目的安装及辅助工作"）所发生的费用。暂估价项目的安装及辅助工作所发生的费用应该包括在投标报价中的相应清单项目的综合单价中，并且固定包死。

表-12-2　材料（工程设备）暂估单价及调整表

工程名称：某园区园林绿化工程　　　　　标段：　　　　　　第 1 页　共 1 页

序号	材料（工程设备）名称、规格、型号	计量单位	数量		暂估（元）		确认（元）		差额±（元）		备注
			暂估	确认	单价	合价	单价	合价	单价	合价	
1	桧柏	株	100		9.60						
2	龙爪槐	株	100		30.30						
	（其他略）										
	合　　计										

注：此表由招标人填写"暂估单价"，并在备注栏说明暂估价的材料、工程设备拟用在哪些清单项目上，投标人应将上述材料，工程设备暂估单价计入工程量清单综合单价报价中。

（3）专业工程暂估价表

专业工程暂估价应在表内填写工程名称、工程内容、暂估金额，投标人应将上述金额计入投标总价中。

专业工程暂估价项目及其表中列明的专业工程暂估价，是指分包人实施专业工程的含税金后的完整价（即包含了该专业工程中所有供应、安装、完工、调试、修复缺陷等全部工作），除了合同约定的发包人应承担的总包管理、协调、配合和服务责任所对应的总承包服务费用以外，承包人为履行其总包管理、配合、协调和服务等所需发生的费用应该包括在投标报价中。

表-12-3　专业工程暂估价表

工程名称：某园区园林绿化工程　　　　标段：　　　　　第1页　共1页

序号	工程名称	工程内容	暂估金额（元）	结算金额（元）	差额±（元）	备注
1	消防工程	合同图纸中标明的以及消防工程规范和技术说明中规定的各系统中的设备、管道、阀门、线缆等的供应、安装和调试工作	20000.00			
		合　计	20000.00			

注：此表"暂估金额"由招标人填写，投标人应将"暂估金额"计入投标总价中。

（4）计日工表

编制工程量清单时，计日工表中的"项目名称"、"计量单位"、"暂估数量"由招标人填写。

表-12-4 计日工表

工程名称：某园区园林绿化工程　　　　标段：　　　　　　第1页　共1页

编号	项目名称	单位	暂定数量	实际数量	综合单价（元）	合价（元）	
						暂定	实际
一	人工						
1	技工	工日	55.00				
2							
	人工小计						
二	材料						
1	42.5级普通水泥	t	15.00				
2							
	材料小计						
三	施工机械						
1	汽车起重机20t	台班	5				
	施工机械小计						
四、企业管理费和利润							
总　计							

注：此表项目名称、暂定数量由招标人填写，编制招标控制价时，单价由招标人按有关计价规定确定；投标时，单价由投标人自主报价，按暂定数量计算合价计入投标总价中。结算时，按发承包双方确认的实际数量计算合价。

（5）总承包服务费计价表

编制招标工程量清单时，招标人应将拟定进行专业发包的专业工程，自行采购的材料设备等决定清楚，填写项目名称、服务内容，以便投标人决定报价。

表-12-5 总承包服务费计价表

工程名称：某园区园林绿化工程 　　　　标段：　　　　　　第1页 共1页

序号	项目名称	项目价值（元）	服务内容	计算基础	费率（%）	金额（元）
1	发包人发包专业工程	20000	1. 按专业工程承包人的要求提供施工工作面并对施工现场进行统一整理汇总　2. 为专业工程承包人提供垂直运输机械和焊接电源接入点，并承担垂直运输费和电费			
2	发包人供应材料	44500	对发包人供应的材料进行验收及保管和使用发放			
		合　计	—	—		—

注：此表项目名称、服务内容有招标人填写，编制招标控制价时，费率及金额由招标人按有关计价规定确定；投标时，费率及金额由投标人自主报价，计入投标总价中。

7. 规费、税金项目计价表

在施工实践中，有的规费项目，如工程排污费，并非每个工程所在地都要征收，实践中可作为按实计算的费用处理。

表-13　规费、税金项目计价表

工程名称：某园区园林绿化工程　　　　　　标段：　　　　　　　　　　第1页　共1页

序号	项目名称	计算基础	计算基数	计算费率（%）	金额（元）
1	规费	定额人工费			
1.1	社会保险费	定额人工费	（1）＋…＋（5）		
（1）	养老保险费	定额人工费			
（2）	失业保险费	定额人工费			
（3）	医疗保险费	定额人工费			
（4）	工伤保险费	定额人工费			
（5）	生育保险费	定额人工费			
1.2	住房公积金	定额人工费			
1.3	工程排污费	按工程所在地环境保护部门收取标准，按实计入			
2	税金	分部分项工程费＋措施项目费＋其他项目费＋规费－按规定不计税的工程设备金额			
合　　计					

编制人（造价人员）：　　　　　　　　　　　　复核人（造价工程师）：

8. 主要材料、工程设备一览表

《建设工程工程量清单计价规范》GB 50500—2013中新增加"主要材料、工程设备一览表"，由于材料等价格占据合同价款的大部分，对材料价款的管理历来是发承包双方十分重视的，因此，规范针对发包人供应材料设置了"发包人提供材料和工程设备一览表"，针对承包人供应材料按当前最主要的调整方法设置了两种表式。"风险系数"应由发包人在招标文件中按照《建设工程工程量清单计价规范》GB 50500—2013的要求合理确定。表中将风险系数、基准单价、投标单价、发承包人确认单价在一个表内全部表示，可以大大减少发承包双方不必要的争议。

表-20　发包人提供材料和工程设备一览表

工程名称：某园区园林绿化工程　　　　　　标段：　　　　　　第1页　共1页

序号	材料（工程设备）名称、规格、型号	单位	数量	单价（元）	交货方式	送达地点	备注
1	钢塑管（DN25 衬塑）	m	100			施工现场	
2	钢塑管（DN50 衬塑）	m	80			施工现场	

注：此表由招标人填写，供投标人在投标报价、确定总承包服务费时参考。

表-21　承包人提供主要材料和工程设备一览表

（适用于造价信息差额调整法）

工程名称：某园区园林绿化工程　　　　　　标段：　　　　　　第1页　共1页

序号	名称、规格、型号	单位	数量	风险系数（%）	基准单价（元）	投标单价（元）	发承包人确认单价（元）	备注
1	预拌混凝土 C20	m³	15	≤5	310			
2	预拌混凝土 C25	m³	100	≤5	323			
3	预拌混凝土 C30	m³	900	≤5	340			

注：1. 此表由招标人填写除"投标单价"栏的内容，投标人在投标时自主确定投标单价。

　　2. 投标人应优先采用工程造价管理机构发布的单价作为基准单价，未发布的，通过市场调查确定其基准单价。

表-22　承包人提供主要材料和工程设备一览表
（适用于价格指数差额调整法）

工程名称：某园区园林绿化工程　　　　　标段：　　　　　　　　第1页　共1页

序号	名称、规格、型号	变值权重 B	基本价格指数 F_0	现行价格指数 F_t	备注
1	人工		110%		
2	钢材		4000 元/t		
3	预拌混凝土 C30		340 元/m³		
4	机械费		100%		
	定值权重 A		—	—	
	合　计	1	—	—	

注：1. "名称、规格、型号"、"基本价格指数"栏由招标人填写，基本价格指数应首先采用工程造价管理机构发布的价格指数，没有时，可采用发布的价格代替。如人工、机械费也采用本法调整由招标人在"名称"栏填写。

2. "变值权重"栏由投标人根据该项人工、机械费和材料、工程设备值在投标总报价中所占的比例填写，1减去其比例为定值权重。

3. "现行价格指数"按约定的付款证书相关周期最后一天的前42天的各项价格指数填写，该指数应首先采用工程造价管理机构发布的价格指数，没有时，可采用发布的价格代替。

4.2　招标控制价编制实例

现以某园区园林绿化工程为例介绍招标控制价编制（由委托工程造价咨询人编制）。

1. 封面

招标控制价封面应填写招标工程项目的具体名称，招标人应盖单位公章，如委托工程造价咨询人编制，还应由其加盖相同单位公章。

　　招标人委托工程造价咨询人编制招标控制价的封面，除招标人盖单位公章外，还应加盖受委托编制招标控制价的工程造价咨询人的单位公章。

封-2　招标控制价封面

　　<u>某园区园林绿化</u>　**工程**

招标控制价

招　标　人：　<u>　　　××公司　　　</u>
（单位盖章）

造价咨询人：　<u>××工程造价咨询企业</u>
（单位盖章）

××年×月×日

2. 扉页

　　1）招标人自行编制招标控制价时，招标控制价扉页由招标人单位注册的造价人员编制，招标人盖单位公章，法定代表人或其授权人签字或盖章。编制人是造价工程师的，由其签字盖执业专用章；编制人是造价员的，由其在编制人栏签字盖专用章，应由造价工程师复核，并在复核人栏签字盖执业专用章。

　　2）招标人委托工程造价咨询人编制招标控制价时，招标控制价扉页由工程造价咨询人单位注册的造价人员编制，工程造价咨询人盖单位资质专用章，法定代表人或其授权人签字或盖章。编制人是造价工程师的，由其签字盖执业专用章；编制人是造价员的，在编制人栏签字盖专用章，应由造价工程师复核。并在复核人栏签字盖执业专用章。

扉-2　招标控制价扉页

某园区园林绿化　工程

招标控制价

招标控制价（小写）：＿＿＿＿＿＿＿218364.94 元＿＿＿＿＿＿＿
　　　　　（大写）：＿＿＿贰拾壹万捌仟叁佰陆拾肆元玖角肆分＿＿＿

招标人：＿×××公司＿　　　　　造价咨询人：＿×××工程造价咨询企业＿
　　　（单位盖章）　　　　　　　　　　　　（单位资质专用章）

法定代表人　　　　　　　　　法定代表人
或其授权人：＿×××公司代表人＿　或其授权人：＿×××工程造价咨询企业代表人＿
　　　　（签字或盖章）　　　　　　　　　　（签字或盖章）

编　制　人：＿×××造价工程师或造价员＿　复核人：＿×××造价工程师＿
　　　（造价人员签字盖专用章）　　　　　（造价工程师签字盖专用章）

　　编制时间：××年×月×日　　　　　　复核时间：××年×月×日

3. 总说明

编制招标控制价的总说明内容应包括：

1）采用的计价依据。

2）采用的施工组织设计。

3）采用的材料价格来源。

4）综合单价中风险因素、风险范围（幅度）。

5）其他。

表-01　总　说　明

1. 工程概况：本园区位于××区，交通便利，园区中建筑与市政建设均已完成。园林绿化面积约为850m²，整个工程由圆形花坛、伞亭、连座花坛、花架、八角花坛以及绿地等组成。栽种的植物主要有桧柏、垂柳、龙爪槐、金银木、珍珠海、月季等。合同工期为60天。

2. 招标报价包括范围：为本次招标的施工图范围内的园林绿化工程。

3. 招标报价编制依据：

(1) 招标工程量清单；

(2) 招标文件中有关计价的要求；

(3) 施工图；

(4) 省建设主管部门颁发的计价定额和计价办法及相关计价文件；

(5) 材料价格采用工程所在地工程造价管理机构××年×月工程造价信息发布的价格，对于工程造价信息没有发布价格信息的材料，其价格参照市场价。单价中已包括≤5%的价格波动风险。

4. 其他（略）。

4. 招标控制价汇总表

由于编制招标控制价和投标控制价包含的内容相同，只是对价格的处理不同，因此，对招标控制价和投标报价汇总表的设计使用同一表格。实践中，招标控制价或投标报价可分别印制该表格。

表-02　建设项目招标控制价汇总表

工程名称：某园区园林绿化工程　　　　　　　　　　　　　　　　　第1页　共1页

序号	单项工程名称	金额（元）	其中：（元）		
			暂估价	安全文明施工费	规费
1	某园区园林绿化工程	218364.94	20000	8077.36	18646.15
	合　　计	218364.94	20000	8077.36	18646.15

注：本表适用于建设项目招标控制价或投标报价的汇总。

表-03　单项工程招标控制价汇总表

工程名称：某园区园林绿化工程　　　　　　　　　　　　　　第1页　共1页

序号	单位工程名称	金额（元）	其中：（元）		
			暂估价	安全文明施工费	规费
1	某园区园林绿化工程	218364.94	20000	8077.36	18646.15
	合　　计	218364.94	20000	8077.36	18646.15

注：本表适用于单项工程招标控制价或投标报价的汇总。暂估价包括分部分项工程中的暂估价和专业工程暂估价。

表-04　单位工程招标控制价汇总表

工程名称：某园区园林绿化工程　　　　　　　　　　　　　　第1页　共1页

序号	汇总内容	金额（元）	其中：暂估价（元）
1	分部分项工程	81990.39	20000.00
0501	绿化工程	24664.10	
0502	园路、园桥、假山工程	20698.90	
0503	园林景观工程	36627.39	
2	措施项目	29524.07	—
0117	其中：安全文明施工费	8077.36	—
3	其他项目	80997.50	—
3.1	其中：暂列金额	40000.00	—
3.2	其中：专业工程暂估价	20000.00	—
3.3	其中：计日工	19320.00	—
3.4	其中：总承包服务费	1677.50	—
4	规费	18646.15	—
5	税金	7206.83	—
	招标控制价合计＝1+2+3+4+5	218364.94	20000.00

注：本表适用于单位工程招标控制价或投标报价的汇总，单项工程也使用本表汇总。

5. 分部分项工程和单价措施项目清单与计价表

编制招标控制价时，分部分项工程和单价措施项目清单与计价表的"项目编码"、"项目名称"、"项目特征"、"计量单位"、"工程量"栏不变，对"综合单价"、"合价"以及"其中：暂估价"按《建设工程工程量清单计价规范》GB 50500—2013 的规定填写。

表-08 分部分项工程和单价措施项目清单与计价表（一）

工程名称：某园区园林绿化工程　　　　　标段：　　　　　第1页　共4页

序号	项目编码	项目名称	项目特征描述	计量单位	工程量	金额（元）		
						综合单价	合价	其中暂估价
			0501 绿化工程					
1	050101010001	整理绿化用地	整理绿化用地，普坚土	株	834.36	1.21	1009.58	
2	050102001001	栽植乔木	桧柏，高 1.2～1.5m，土球苗木	株	4	69.54	278.16	
3	050102001002	栽植乔木	垂柳，胸径 4.0～5.0m，露根乔木	株	7	51.63	361.41	
4	050102001003	栽植乔木	龙爪槐，胸径 3.5～4m，露根乔木	株	6	73.12	438.72	
5	050102001004	栽植乔木	大叶黄杨，胸径 1～1.2m，露根乔木	株	6	82.15	492.90	
6	050102001005	栽植乔木	珍珠海，高 1～1.2m，露根乔木	株	62	22.48	1393.76	
7	050102002001	栽植灌木	金银木，高 1.5～1.8m，露根灌木	株	92	30.12	2771.04	
8	050102008001	栽植花卉	各色月季，二年生，露地花卉	株	124	19.50	2418.00	
9	050102012001	铺种草皮	野牛草，草皮	m²	468	19.15	8962.20	
10	050103001001	喷灌管线安装	主线管挖土深度 1m，支线管挖土深度 0.6m，二类土。主管管长 21m，支管管长 98.6m	m	75.89	42.24	3205.59	
11	050103001001	喷灌配件安装	5004 型喷头 41 个，P33 型快速取水阀 10 个，水表 1 组截止阀	m	78.90	42.24	3332.74	
			分部小计				24664.10	
			本页小计				24664.10	
			合　计				24664.10	

注：为计取规费等的使用，可在表中增设其中："定额人工费"。

表-08 分部分项工程和单价措施项目清单与计价表（二）

工程名称：某园区园林绿化工程   标段：   第 2 页 共 4 页

序号	项目编码	项目名称	项目特征描述	计量单位	工程量	综合单价	合价	其中 暂估价
			0502 园路、路桥、假山工程					
11	050201001001	园路	200mm 厚砂垫层，150mm 厚 3：7 灰土垫层，水泥方格砖路面	m²	180.60	60.23	10877.54	
12	010101002001	挖一般土方	普坚土，挖土平均厚度 350mm，弃土运距 100m	m³	61.81	26.18	1618.19	
13	050201003001	路牙铺设	3：7 灰土垫层 150mm 厚，花岗石	m³	96.27	85.21	8203.17	
			分部小计				20698.90	
			0503 园林景观工程					
14	050304002001	预制混凝土花架柱、梁	柱 6 根，高 2.2m	m³	2.42	375.36	908.37	
15	050305005001	预制混凝土桌凳	C20 预制混凝土座凳，水磨石面	个	8	34.05	272.40	
16	011203001001	零星项目一般抹灰	檀架抹水泥砂浆	m²	60.80	15.88	965.50	
17	010101003001	挖沟槽土方	挖八角花坛土方，人工挖地槽，土方运距 100m	m³	10.84	29.55	320.32	
18	010101003002	挖沟槽土方	连座花坛土方，平均挖土深度 870mm，普坚土，弃土运距 100m	m³	9.32	29.22	272.33	
19	010101003003	挖沟槽土方	挖座凳土方，平均挖土深度 80mm，普坚土，弃土运距 100m	m³	0.06	24.10	1.45	
			分部小计				2740.37	
			本页小计				23439.27	
			合 计				48103.37	

注：为计取规费等的使用，可在表中增设其中："定额人工费"。

表-08 分部分项工程和单价措施项目清单与计价表（三）

工程名称：某园区园林绿化工程　　　　　标段：　　　　　　第3页 共4页

序号	项目编码	项目名称	项目特征描述	计量单位	工程量	综合单价	合价	其中 暂估价
			0503 园林景观工程					
20	010101003004	挖沟槽土方	挖花台土方，平均挖土深度640mm，普坚土，弃土运距100m	m³	6.75	24.00	162.00	
21	010101003005	挖沟槽土方	挖花墙花台土方，平均深度940mm，普坚土，弃土运距100m	m³	11.83	28.25	334.20	
22	010101003006	挖沟槽土方	挖圆形花坛土方，平均深度800mm，普坚土，弃土运距100m	m³	3.92	26.99	105.80	
23	010507007001	其他构件	八角花坛混凝土池壁，C10混凝土现浇	m³	7.36	350.24	2577.77	
24	010507007002	其他构件	连座花坛混凝土花池，C25混凝土现浇	m³	2.78	318.25	884.74	
25	010507007003	其他构件	花台混凝土花池，C25混凝土现浇	m³	2.82	324.21	914.27	
26	010507007004	其他构件	圆形花坛混凝土池壁，C25混凝土现浇	m³	2.73	364.58	995.30	
27	011204001001	石材墙面	圆形花坛混凝土池壁贴大理石	m²	11.12	284.80	3166.98	
28	011204001002	石材墙面	花台混凝土花池池面贴花岗石	m²	4.66	2864.23	13347.32	
29	011204001003	石材墙面	花墙花台墙面贴青石板	m²	27.83	100.88	2807.49	
		分部小计					28036.24	
		本页小计					25295.87	
		合　计					73399.24	

注：为计取规费等的使用，可在表中增设其中："定额人工费"。

表-08 分部分项工程和单价措施项目清单与计价表（四）

工程名称：某园区园林绿化工程　　　　　标段：　　　　　第4页 共4页

序号	项目编码	项目名称	项目特征描述	计量单位	工程量	综合单价	合价	其中暂估价
			0503 园林景观工程					
30	011204001004	石材墙面	圆形花坛混凝土池壁贴大理石	m²	10.05	286.45	2878.82	
31	010501003001	现浇混凝土独立基础	3∶7灰土垫层，100m厚	m³	1.16	452.32	524.69	
32	010401003002	现浇混凝土独立基础	3∶7混凝土垫层，300mm厚	m³	1.06	10.00	10.60	
33	011202001001	柱面一般抹灰	混凝土柱水泥砂浆抹面	m²	10.23	13.03	133.30	
34	010401003001	实心砖墙	M5混合砂浆砌筑，普通砖	m³	4.97	195.06	969.45	
35	010401003002	实心砖墙	砖砌花台，M5混合砂浆，普通砖	m³	2.47	195.48	482.84	
36	010401003003	实心砖墙	砖砌花台，M5混合砂浆，普通砖	m³	8.29	194.54	1612.74	
37	010501002001	现浇混凝土带形基础	花墙花台混凝土基础，C25混凝土现浇	m³	1.35	234.25	316.24	
38	010606013001	零星钢构件	花墙花台铁花式，－60×6，2.83kg/m	t	0.12	4525.23	543.03	
39	010502001001	现浇混凝土矩形柱	混凝土柱，C25混凝土现浇	m³	1.90	309.56	588.16	
40	011202001001	柱面一般抹灰	混凝土柱水泥砂浆抹面	m²	10.30	13.02	134.11	
41	011205002001	块料柱面	混凝土柱面镶贴块料面层	m²	10.30	38.56	397.17	
			分部小计				36627.39	
			本页小计				8591.15	
			合 计				81990.39	

注：为记取规费等的使用，可在表中增设其中："定额人工费"。

6. 综合单价分析表

编制招标控制价，综合单价分析表应填写使用的省级或行业建设主管部门发布的计价定额名称。

综合单价分析表一般随投标文件一同提交，作为已标价工程量清单的组成部分，以便中标后，作为合同文件的附属文件。一般而言，该分析表所载明的价格数据对投标人是有约束力的，但是投标人能否以此作为投标报价中的错报和漏报等的依据而寻求招标人的补偿是实践中值得注意的问题。

表-09 综合单价分析表

工程名称：某园区园林绿化工程　　　　　标段：　　　　　第 1 页　共 1 页

项目编码	050102001002	项目名称	栽植乔木，垂柳	计量单位	株	工程量	7

				单价（元）				合价（元）			
定额编号	定额项目名称	定额单位	数量	人工费	材料费	机械费	管理费和利润	人工费	材料费	机械费	管理费和利润
EA 0921	普坚土种植垂柳	株	1	5.38	13.67	0.31	2.09	5.38	13.67	0.31	2.09
EA 0961	垂柳后期管理费	株	1	11.71	12.13	2.21	4.13	11.71	12.13	2.21	4.13
人工单价		小　计						17.09	25.80	2.52	6.22
41.8 元/工日		未计价材料费									
清单项目综合单价								51.63			

材料费明细	主要材料名称、规格、型号	单位	数量	单价（元）	合价（元）	暂估单价（元）	暂估合价（元）
	垂柳	株	1	10.60	10.60		
	毛竹竿	根	1.100	12.54	12.54		
	水费	t	0.680	3.20	2.18		
	其他材料费			—	0.48	—	
	材料费小计			—	25.80	—	

注：1. 如不使用省级或行业建设主管部门发布的计价依据，可不填定额编号、名称等。

2. 招标文件提供了暂估单价的材料，按暂估的单价填入表内"暂估单价"栏及"暂估合价"栏。

（其他综合单价分析表略）

7. 总价措施项目清单与计价表

编制招标控制价时，总价措施项目清单与计价表的计费基础、费率应按省级或行业建设主管部门的规定记取。

表-11　总价措施项目清单与计价表

工程名称：某园区园林绿化工程　　　　　　标段：　　　　　　　　第1页　共1页

序号	项目编码	项目名称	计算基础	费率（%）	金额（元）	调整费率（%）	调整后金额（元）	备注
1	050405001001	安全文明施工费	直接费	0.66	8077.36			
2	050405002001	夜间施工增加费	定额人工费	3	1432.46			
3	050405004001	二次搬运费	定额人工费	2	10000.00			
4	050405005001	冬、雨季施工增加费	人工费	1.8	1860.41			
5	050405008001	已完工程及设备保护费			8153.84			
	合　计				29524.07			

编制人（造价人员）：　　　　　　　　　　　　复核人（造价工程师）：

注：1. "计算基础"中安全文明施工费可为"定额基价"、"定额人工费"或"定额人工费＋定额机械费"，其他项目可为"定额人工费"或"定额人工费＋定额机械费"。

　　2. 按施工方案计算的措施费，若无"计算基础"和"费率"的数值，也可只填"金额"数值，但应在备注栏说明施工方案出处或计算方法。

8. 其他项目清单与计价汇总表

编制招标控制价时，其他项目清单与计价汇总表应按有关计价规定估算"计日工"和"总承包服务费"。招标工程量清单中未列"暂列金额"，应按有关规定编列。

表-12　其他项目清单与计价汇总表

工程名称：某园区园林绿化工程　　　　　　标段：　　　　　　　　　第1页　共1页

序号	项目名称	金额（元）	结算金额（元）	备注
1	暂列金额	40000.00		明细详见表-12-1
2	暂估价	20000.00		
2.1	材料（工程设备）暂估价	—		
2.2	专业工程暂估价	20000.00		明细详见表-12-3
3	计日工	19320.00		明细详见表-12-4
4	总承包服务费	1677.50		明细详见表-12-5
5				
	合　计	80997.50		—

注：材料（工程设备）暂估价进入清单项目综合单价，此处不汇总。

（1）暂列金额明细表

表-12-1 暂列金额明细表

工程名称：某园区园林绿化工程　　　　　标段：　　　　　　　第1页 共1页

序号	项目名称	计量单位	暂定金额（元）	备注
1	工程量偏差和设计变更	项	20000.00	
2	政策性调整和材料价格波动	项	10000.00	
3	其他	项	10000.00	
4				
5				
合　计			40000.00	—

注：此表由招标人填写，如不能详列，也可只列暂定金额总额，投标人应将上述暂列金额计入投标总价中。

（2）材料（工程设备）暂估单价及调整表

表-12-2 材料（工程设备）暂估单价及调整表

工程名称：某园区园林绿化工程　　　　　标段：　　　　　　　　第1页　共1页

序号	材料（工程设备）名称、规格、型号	计量单位	数量		暂估（元）		确认（元）		差额±（元）		备注
			暂估	确认	单价	合价	单价	合价	单价	合价	
1	桧柏	株	100		9.60	960					
2	龙爪槐	株	100		30.30	3030					
	（其他略）										
	合　计					3990					

注：此表由招标人填写"暂估单价"，并在备注栏说明暂估价的材料、工程设备拟用在哪些清单项目上，投标人
　　应将上述材料、工程设备暂估单价计入工程量清单综合单价报价中。

（3）专业工程暂估价表

表-12-3　专业工程暂估价表

工程名称：某园区园林绿化工程　　　　　标段：　　　　　　　　第1页　共1页

序号	工程名称	工程内容	暂估金额（元）	结算金额（元）	差额±（元）	备注
1	消防工程	合同图纸中标明的以及消防工程规范和技术说明中规定的各系统中的设备、管道、阀门、线缆等的供应、安装和调试工作	20000.00			
		合　　计	20000.00			

注：此表"暂估金额"由招标人填写，投标人应将"暂估金额"计入投标总价中。

(4) 计日工表

编制招标控制价的"计日工表"时，人工、材料、机械台班单价由招标人按有关计价规定填写并计算合价

表-12-4 计日工表

工程名称：某园区园林绿化工程　　　　　　标段：　　　　　　　　　第1页 共1页

编号	项目名称	单位	暂定数量	实际数量	综合单价（元）	合价（元）	
						暂定	实际
一	人工						
1	技工	工日	55.00		45.00	2475.00	
2							
	人工小计					2475.00	
二	材料						
1	42.5级普通水泥	t	15.00		290.00	4350.00	
2							
	材料小计					4350.00	
三	施工机械						
1	汽车起重机20t	台班	5.00		2400.00	12000.00	
2							
	施工机械小计					12000.00	
四、企业管理费和利润 按人工费20%计						495.00	
	总　计					19320.00	

注：此表项目名称、暂定数量由招标人填写，编制招标控制价时，单价由招标人按有关计价规定确定；投标时，单价由投标人自主报价，按暂定数量计算合价计入投标总价中。结算时，按发承包双方确认的实际数量计算合价。

（5）总承包服务费计价表

编制招标控制价的"总承包服务费计价表"时，招标人应按有关计价规定计价。

表-12-5　总承包服务费计价表

工程名称：某园区园林绿化工程　　　　标段：　　　　　　　第1页　共1页

序号	项目名称	项目价值（元）	服务内容	计算基础	费率（%）	金额（元）
1	发包人发包专业工程	20650	1. 为消防工程承包人提供施工工作面并对施工现场进行统一管理，对竣工资料进行统一整理汇总 2. 为消防工程承包人提供垂直运输机械和焊接电源接入点，并承担垂直运输费和电费	项目价值	5	1032.50
2	发包人供应材料	64500	对发包人供应的材料进行验收及保管和使用发放	项目价值	1	645.00
	合　计	—	—		—	1677.50

注：此表项目名称、服务内容由招标人填写，编制招标控制价时，费率及金额由招标人按有关计价规定确定；投标时，费率及金额由投标人自主报价；计入投标总价中。

9. 规费、税金项目计价表

表-13　规费、税金项目计价表

工程名称：某园区园林绿化工程　　　　　　标段：　　　　　　　　第1页　共1页

序号	项目名称	计算基础	计算基数	计算费率（%）	金额（元）
1	规费	定额人工费			18646.15
1.1	社会保险费	定额人工费	(1) +…+(5)		12512.15
(1)	养老保险费	定额人工费		14	3578.17
(2)	失业保险费	定额人工费		2	2044.67
(3)	医疗保险费	定额人工费		6	6134.00
(4)	工伤保险费	定额人工费		0.5	511.17
(5)	生育保险费	定额人工费		0.14	244.14
1.2	住房公积金	定额人工费		6	6134.00
1.3	工程排污费	按工程所在地环境保护部门收取标准，按实计入			
2	税金	分部分项工程费＋措施项目费＋其他项目费＋规费－按规定不计税的工程设备金额		3.413	7206.83
合　计					25852.98

编制人（造价人员）：　　　　　　　　　　复核人（造价工程师）：

10. 主要材料、工程设备一览表

（1）发包人提供材料和工程设备一览表

表-20　发包人提供材料和工程设备一览表

工程名称：某园区园林绿化工程　　　　　　标段：　　　　　　　　第1页　共1页

序号	材料（工程设备）名称、规格、型号	单位	数量	单价（元）	交货方式	送达地点	备注
1	钢塑管（DN25 衬塑）	m	100			施工现场	
2	钢塑管（DN50 衬塑）	m	80				

注：此表由招标人填写，供投标人在投标报价、确定总承包服务费时参考。

（2）发包人在招标文件中提供的承包人提供主要材料和工程设备一览表（适用于造价信息差额调整法）

表-21　承包人提供主要材料和工程设备一览表

（适用于造价信息差额调整法）

工程名称：某园区园林绿化工程　　　　　　标段：　　　　　　　　第1页　共1页

序号	名称、规格、型号	单位	数量	风险系数（%）	基准单价（元）	投标单价（元）	发承包人确认单价（元）	备注
1	预拌混凝土 C20	m³	15	≤5	310			
2	预拌混凝土 C25	m³	100	≤5	323			
3	预拌混凝土 C30	m³	900	≤5	340			

注：1. 此表由招标人填写除"投标单价"栏的内容，投标人在投标时自主确定投标单价。

　　2. 投标人应优先采用工程造价管理机构发布的单价作为基准单价，未发布的，通过市场调查确定其基准单价。

（3）发包人在招标文件中提供的承包人提供主要材料和工程设备一览表（适用于价格指数差额调整法）

表-22 承包人提供主要材料和工程设备一览表
（适用于价格指数差额调整法）

工程名称：某园区园林绿化工程　　　　标段：　　　　第1页 共1页

序号	名称、规格、型号	变值权重 B	基本价格指数 F_0	现行价格指数 F_t	备注
1	人工		110％		
2	钢材		4000 元/t		
3	预拌混凝土 C30		340 元/m³		
4	页岩砖		300 元/千匹		
5	机械费		100％		
	定值权重 A		—	—	
	合　　计	1	—	—	

注：1. "名称、规格、型号"、"基本价格指数"栏由招标人填写，基本价格指数应首先采用工程造价管理机构发布的价格指数，没有时，可采用发布的价格代替。如人工、机械费也采用本法调整由招标人在"名称"栏填写。

2. "变值权重"栏由投标人根据该项人工、机械费和材料、工程设备值在投标总报价中所占的比例填写，1减去其比例为定值权重。

3. "现行价格指数"按约定的付款证书相关周期最后一天的前42天的各项价格指数填写，该指数应首先采用工程造价管理机构发布的价格指数，没有时，可采用发布的价格代替。

4.3 投标报价编制实例

现以某公园木桥、架空栈道工程为例介绍投标报价编制（由委托工程造价咨询人编制）。

1. 封面

投标总价封面应填写投标工程的具体名称，投标人应盖单位公章。

封-3　投标总价封面

某公园木桥、架空栈道　工程

投 标 总 价

投 标 人：　　　××园林公司　　　

（单位盖章）

××年×月×日

---

2. 扉页

投标人编制投标报价时，投标总价扉页由投标人单位注册的造价人员编制，投标人盖单位公章，法定代表人或其授权人签字或盖章，编制的造价人员（造价工程师或造价员）签字盖执业专用章。

扉-3　投标总价扉页

投 标 总 价

招　标　人：　　　××开发区管委会

工程名称：　　　某公园木桥、架空栈道工程

投标总价（小写）：　　　799908.84 元

（大写）：　　　柒拾玖万玖仟玖佰零捌元捌角肆分

投　标　人：　　　××园林公司

（单位盖章）

法定代表人

或其授权人：　　　×××

（签字或盖章）

编　制　人：　　　×××

（造价人员签字盖专用章）

编制时间：××年×月×日

3. 总说明

编制投标报价的总说明内容应包括：

1）采用的计价依据。

2）采用的施工组织设计。

3）综合单价中风险因素、风险范围（幅度）。

4）措施项目的依据。

5）其他有关内容的说明等。

表-01　总　说　明

工程名称：某公园木桥、架空栈道工程 第1页 共1页

　　1. 工程概况：本生态园区位于××区，交通便利，园区中建筑与市政建设均已完成。生态园区面积约为 1060m²，招标计划工期为 100 日历天，投标工期为 80 日历天。

　　2. 投标报价包括范围：为本次招标的施工图范围内的木桥、架空栈道工程。

　　3. 投标报价编制依据：

　　(1) 建设方提供的工程施工图、《某公园木桥、架空栈道工程投标邀请书》、《投标须知》、《某公园木桥、架空栈道工程招标答疑》等一系列招标文件。

　　(2) ××市建设工程造价管理站××××年第×期发布的材料价格，并参照市场价格。

　　4. 报价需要说明的问题：

　　(1) 该工程因无特殊要求，故采用一般施工方法。

　　(2) 因考虑到市场材料价格近期波动不大，故主要材料价格在××市建设工程造价管理站××××年第×期发布的材料价格基础上下浮 3%。

　　5. 综合公司经济现状及竞争力，公司所报费率略。

　　6. 税金按 3.413% 计取。

4. 投标控制价汇总表

　　与招标控制价的表样一致，此处需要说明的是，投标报价汇总表与投标函中投标报价金额应当一致。就投标文件的各个组成部分而言，投标函是最重要的文件，其他组成部分都是投标函的支持性文件，投标函是必须经过投标人签字盖章，并且在开标会上必须当众宣读的文件。如果投标报价汇总表的投标总价与投标函填报的投标总价不一致，应当以投标函中填写的大写金额为准。实践中，对该原则一直缺少一个明确的依据，为了避免出现争议，可以在"投标人须知"中给予明确，用在招标文件中预先给予明示约定的方式来弥补法律法规依据的不足。

表-02　建设项目投标报价汇总表

工程名称：某公园木桥、架空栈道工程 第1页 共1页

序号	单项工程名称	金额（元）	其中：（元）		
			暂估价	安全文明施工费	规费
1	某公园木桥、架空栈道工程	799908.84	103650.00	49402.15	14463.98
	合　　计	799908.84	103650.00	49402.15	14463.98

注：本表适用于建设项目招标控制价或投标报价的汇总。

表-03 单项工程投标报价汇总表

工程名称：某公园木桥、架空栈道工程　　　　　　　　　　　第1页 共1页

序号	单位工程名称	金额（元）	其中：（元）		
			暂估价	安全文明施工费	规费
1	某公园木桥、架空栈道工程	799908.84	103650.00	49402.15	14463.98
	合　　计	799908.84	103650.00	49402.15	14463.98

注：本表适用于单项工程招标控制价或投标报价的汇总。暂估价包括分部分项工程中的暂估价和专业工程暂价估。

表-04 单位工程投标报价汇总表

工程名称：某公园木桥、架空栈道工程　　　　　　　　　　　第1页 共1页

序号	汇总内容	金额（元）	其中：暂估价（元）
1	分部分项	594395.43	103650.00
0101	土（石）方工程	31629.42	
0105	混凝土及钢筋混凝土工程	159414.56	103650.00
0107	木结构工程	882.03	
0106	金属结构工程	7997.85	
0111	楼地面装饰工程	270713.37	
0115	其他装饰工程	109268.88	
0112	墙柱面装饰与隔断、幕墙工程	2374.21	
0114	油漆、涂料、裱糊工程	8106.61	
0502	园路、园桥工程	4008.50	
2	措施项目	63081.77	
0117	其中：安全文明施工费	49402.15	
3	其他项目	98322.79	
3.1	其中：暂列金额	50000.00	
3.2	其中：计日工	6522.79	
3.3	其中：总承包服务费	21800.00	
4	规费	14463.98	
5	税金	29644.87	
投标报价合计＝1＋2＋3＋4＋5		799908.84	103650.00

注：本表适用于单位工程招标控制价或投标报价的汇总，如无单位工程划分，单项工程也使用本表汇总。

5. 分部分项工程和单价措施项目清单与计价表

编制投标报价时，招标人对分部分项工程和单价措施项目清单与计价表中的"项目编码"、"项目名称"、"项目特征"、"计量单位"、"工程量"均不应作改动。"综合单价"、"合价"自主决定填写，对其中的"暂估价"栏，投标人应将招标文件中提供了暂估材料单价的暂估价进入综合单价，并应计算出暂估单价的材料在"综合单价"及其"合价"中的具体数额，因此，为更详细反应暂估价情况，也可在表中增设一栏"综合单价"其中的"暂估价"。

表-08 分部分项工程和单价措施项目清单与计价表（一）

工程名称：某公园木桥、架空栈道工程　　　　标段：　　　　　　　第1页　共3页

| 序号 | 项目编号 | 项目名称 | 项目特征描述 | 计量单位 | 工程数量 | 金额（元） | | |
						综合单价	合价	其中 暂估价
			0101 土石方工程					
1	010101002001	挖一般土方	原土打夯机夯实	m³	430.10	16.15	6946.12	
2	010101002002	挖一般土方	三类土，弃土运距 <7km	m³	20.97	6.29	131.90	
3	010101002003	挖一般土方	架空栈道人工挖基础土方一、二类土	m³	3064.42	7.96	24392.78	
4	010101001001	平整场地	木桥平整场地	m²	72.10	2.20	158.62	
			分部小计				31629.42	
			0105 混凝土及钢筋混凝土工程					
5	010501003001	独立基础	C20 钢筋混凝土独立柱基础现场搅拌	m³	125.12	197.72	24738.73	
6	010502001001	矩形柱	C20 钢筋混凝土矩形柱断面尺寸 200mm×200mm	m³	0.43	236.59	101.73	
7	010502001002	矩形柱	栈道矩形柱 200mm×200mm	m³	11.54	236.59	2730.25	
8	010515001001	现浇构件钢筋	φ10 以内	t	0.44	4787.16	2106.35	2000.00
9	010515001002	现浇构件钢筋	φ10 以外	t	21.80	5758.34	125531.81	100000.00
10	010516001001	螺栓	—	t	0.25	5779.62	1444.91	750.00
			分部小计				156653.78	102750.00
			本页小计				188283.20	102750.00
			合　计				188283.20	102750.00

表-08　分部分项工程和单价措施项目清单与计价表（二）

工程名称：某公园木桥、架空栈道工程　　　　标段：　　　　　　第 2 页　共 3 页

序号	项目编号	项目名称	项目特征描述	计量单位	工程数量	综合单价	合价	其中 暂估价
			0105 混凝土及钢筋混凝土工程					
11	010516002001	预埋铁件	—	t	0.20	5651.54	1130.31	900.00
12	010515006001	预应力钢丝	10# 钢丝绳拉结	t	0.24	6793.62	1630.47	
			分部小计				159414.56	
			0106 金属结构工程					
13	010602002001	钢托架	木桥钢托架 14# 槽钢	t	0.78	5241.43	4088.32	
14	010603003001	钢管柱	—	t	0.59	6626.33	3909.53	
			分部小计				7997.85	
			0107 木结构工程					
15	010702001001	木柱	木柱 200mm 直径	m³	0.42	2100.07	882.03	
			分部小计				882.03	
			0111 楼地面装饰工程					
16	011104002001	竹木地板	木质桥面板 150mm×150mm 美国南方松木板	m²	1436.45	188.46	270713.37	
			分部小计				270713.37	
			0115 其他装饰工程					
17	011503002001	硬木扶手	硬木扶手带栏杆、栏板	m	674.00	81.06	54634.44	
18	011503002002	硬木扶手	硬木扶手（美国南方松）、不锈钢螺栓连接	m	674.00	81.06	54634.44	
			分部小计				109268.88	
			本页小计				391622.91	900.00
			合　计				579906.11	103650.00

表-08　分部分项工程和单价措施项目清单与计价表（三）

工程名称：某公园木桥、架空栈道工程　　　　标段：　　　　　　　　　　第3页　共3页

序号	项目编号	项目名称	项目特征描述	计量单位	工程数量	综合单价	合价	其中 暂估价
		0112 墙、柱面装饰与隔断、幕墙工程						
19	011202001001	柱、梁面一般抹灰	—	m²	213.70	11.11	2374.21	
		分部小计					2374.21	
		0114 油漆、涂料、裱糊工程						
20	011405001001	金属面油漆	—	m²	756.92	10.71	8106.61	
		分部小计					8106.61	
		0502 园路、园桥工程						
21	050201014001	木制步桥	木质美国南方松木桥面板 150mm×50mm	m²	0.58	6911.21	4008.50	
		分部小计					4008.50	
		本页小计					14489.32	
		合　　计					594395.43	103650.00

6. 综合单价分析表

编制投标报价时，综合单价分析表应填写使用的企业定额名称，也可填写使用的省级或行业建设主管部门发布的计价定额，如不使用则不填写。

表-09 综合单价分析表

工程名称：某公园木桥、架空栈道工程 　　　标段： 　　　　　　　　第1页 共1页

项目编码	010515001001	项目名称	现浇构件钢筋	计量单位	t	工程量	0.44

				综合单价组成明细							

定额编号	定额名称	定额单位	数量	单价（元）				合价（元）			
				人工费	材料费	机械费	管理费和利润	人工费	材料费	机械费	管理费和利润
08-99	现浇螺纹钢筋制作安装	t	1.00	294.75	4327.70	62.42	102.29	294.75	4327.70	62.42	102.29
人工单价			小　计					294.75	4327.70	62.42	102.29
25元/工日			未计价材料费								
清单项目综合单价								4787.16			

	主要材料名称、规格、型号	单位	数量	单价（元）	合价（元）	暂估单价（元）	暂估合价（元）
材料费明细	螺纹钢筋，Q235，ϕ14	t	1.07	1869.16	2000.00		
	焊条	kg	8.640	4.00	34.56		
	其他材料费			—	2363.14	—	
	材料费小计			—	4327.70	—	

注：1. 如不使用省级或行业建设主管部门发布的计价依据，可不填定额编号、名称等。

2. 招标文件提供了暂估单价的材料，按暂估的单价填入表内"暂估单价"栏及"暂估合价"栏。

（其他工程综合单价分析表略）

7. 总价措施项目清单与计价表

编制投标报价时，总价措施项目清单与计价表中除"安全文明施工费"必须按《建设工程工程量清单计价规范》GB 50500—2013 的强制性规定，按省级或行业建设主管部门的规定记取外，其他措施项目均可根据投标施工组织设计自主报价。

表-11　总价措施项目清单与计价表

工程名称：某公园木桥、架空栈道工程　　　　标段：　　　　　　　第1页　共1页

序号	项目编码	项目名称	计算基础	费率（%）	金额（元）	调整费率（%）	调整后金额（元）	备注
1	050405001001	安全文明施工费	定额人工费	30	49402.15			
2	050405002001	夜间施工增加费	定额人工费	1.5	1125.00			
3	050405005001	冬雨季施工增加费	定额人工费	8	12084.62			
4	050405008001	已完工程及设备保护			470.00			
合　　计					63081.77			

编制人（造价人员）：　　　　　　　　　　　　复核人（造价工程师）：

注：1. "计算基础"中安全文明施工费可为"定额基价"、"定额人工费"或"定额人工费＋定额机械费"，其他项目可为"定额人工费"或"定额人工费＋定额机械费"。

2. 按施工方案计算的措施费，若无"计算基础"和"费率"的数值，也可只填"金额"数值，但应在备注栏说明施工方案出处或计算方法。

8. 其他项目清单与计价汇总表

编制投标报价时，其他项目清单与计价汇总表应按招标工程量清单提供的"暂估金额"和
"专业工程暂估价"填写金额，不得变动。"计日工"、"总承包服务费"自主确定报价。

表-12 其他项目清单与计价汇总表

工程名称：某公园木桥、架空栈道工程　　　　标段：　　　　　　　　第 1 页　共 1 页

序号	项目名称	金额（元）	结算金额（元）	备注
1	暂列金额	50000.00		明细详见表-12-1
2	暂估价	20000.00		
2.1	材料（工程设备）暂估价	—		明细详见表-12-2
2.2	专业工程暂估价	20000.00		明细详见表-12-3
3	计日工	6522.79		明细详见表-12-4
4	总承包服务费	21800.00		明细详见表-12-5
	合　　计	98322.79		

注：材料（工程设备）暂估单价进入清单项目综合单价，此处不汇总。

（1）暂列金额及拟用项目

表-12-1　暂列金额明细表

工程名称：某公园木桥、架空栈道工程　　　　标段：　　　　　　　　　　第1页　共1页

序号	项目名称	计算单位	暂定金额（元）	备注
1	政策性调整和材料价格风险	项	45000.00	
2	其他	项	5000.00	
	合　　计		50000.00	—

注：此表由招标人填写，如不能详列，也可只列暂定金额总额，投标人应将上述暂列金额计入投标总价中。

（2）材料（工程设备）暂估单价及调整表

表-12-2　材料（工程设备）暂估单价及调整表

工程名称：某公园木桥、架空栈道工程　　　　标段：　　　　　　　第1页　共1页

序号	材料（工程设备）名称、规格、型号	计量单位	数量		暂估（元）		确认（元）		差额±（元）		备注
			暂估	确认	单价	合价	单价	合价	单价	合价	
1	钢筋（规格见施工图）	t	20		4000	80000					用于现浇钢筋混凝土项目
	合　　计				80000						

注：此表由招标人填写"暂估单价"，并在备注栏说明暂估价的材料、工程设备拟用在哪些清单项目上，投标人
　　应将上述材料、工程设备暂估单价计入工程量清单综合单价报价中。

（3）专业工程暂估价表

表-12-3 专业工程暂估价表

工程名称：某公园木桥、架空栈道工程　　　标段：　　　　　　　　第1页　共1页

序号	工程名称	工程内容	暂估金额（元）	结算金额（元）	差额±（元）	备注
1	消防工程	合同图纸中标明的以及消防工程规范和技术说明中规定的各系统中的设备、管道、阀门、线缆等的供应、安装和调试工作	20000			
		合　　计	20000			

注：此表"暂估金额"由招标人填写，投标人应将"暂估金额"计入投标总价中，结算时按合同约定结算金额填写。

(4) 计日工表

编制投标报价的"计日工表"时，人工、材料、机械台班单价由招标人自主确定，按已给暂估数量计算合价计入投标总价中。

表-12-4 表8-37 计日工表

工程名称：某公园木桥、架空栈道工程　　　标段：　　　　　　第1页　共1页

编号	项目名称	单位	暂定数量	实际数量	综合单价（元）	合价（元）	
						暂定	实际
一	人工						
1	技工	工日	15.00		30.00	450.00	
2							
	人工小计					450.00	
二	材料						
1	42.5级普通水泥	t	13.00		279.95	3639.35	
2							
	材料小计					3639.35	
三	施工机械						
1	汽车起重机20t	台班	4.00		608.36	2433.44	
2							
	施工机械小计					2433.44	
	四、企业管理费和利润					—	
	总　计					6522.79	

注：单价由投标人自主报价，按暂定数量计算合价计入投标总价中。

(5) 总承包服务费计价表

编制投标报价的"总承包服务费计价表"时，由投标人根据工程量清单中的总承包服务内容，自主决定报价。

表-12-5 总承包服务费计价表

工程名称：某公园木桥、架空栈道工程　　　　标段：　　　　　　　　第1页　共1页

序号	项目名称	项目价值（元）	服务内容	计算基础	费率（%）	金额（元）
1	发包人发包专业工程	200000	1. 按专业工程承包人的要求提供施工工作面并对施工现场进行统一管理，对竣工资料进行统一整理汇总 2. 为专业工程承包人提供垂直运输机械和焊接电源接入点，并承担垂直运输费和电费	项目价值	7	14000
2	发包人供应材料	65000	对发包人供的材料进行验收及保管和使用发放	项目价值	1.2	7800
	合　计	—	—		—	21800

注：此表项目名称、服务内容由招标人填写，编制招标控制价时，费率及金额由招标人按有关计价规定确定；投标时，费率及金额由投标人自主报价，计入投标总价中。

9. 规费、税金项目计价表

表-13 规费、税金项目计价表

工程名称：某公园木桥、架空栈道工程　　　标段：　　　　　　　第 1 页　共 1 页

序号	项目名称	计算基础	计算基数	费率（%）	金额（元）
1	规费	定额人工费			14463.98
1.1	社会保险费	定额人工费	（1）＋…＋（4）		9372.32
（1）	养老保险费	定额人工费		3.5	2548.56
（2）	失业保险费	定额人工费		2	1435.44
（3）	医疗保险费	定额人工费		6	4811.66
（4）	工伤保险费	定额人工费		0.5	576.66
1.2	住房公积金	定额人工费		6	4811.66
1.3	工程排污费	按工程所在地环境保护部门收取标准，按实计入		0.14	280.00
2	税金	分部分项工程费＋措施项目费＋其他项目费＋规费－按规定不计税的工程设备金额		3.413	29644.87
合　　计					44108.85

编制人（造价人员）：　　　　　　　　　　　　复核人（造价工程师）：

10. 总价项目进度款支付分解表

表-16 总价项目进度款支付分解表

工程名称：某公园木桥、架空栈道工程　　　标段：　　　　　　　　第1页 共1页

序号	项目名称	总价金额	首次支付	二次支付	三次支付	四次支付	五次支付	
	安全文明施工费	49402.15	14820.65	14820.65	9880.42	9880.43		
	夜间施工增加费	1125.00	225	225	225	225	225	
	（略）							
	社会保险费	9372.32	1874.46	1874.46	1874.46	1874.46	1874.48	
	住房公积金	4811.66	962.33	962.33	962.33	962.33	962.34	
	合　计							

编制人（造价人员）：　　　　　　　　　　　　复核人（造价工程师）：

注：1. 本表应由承包人在投标报价时根据发包人在招标文件明确的进度款支付周期与报价填写，签订合同时，
　　　发承包双方可就支付分解协商调整后作为合同附件。

2. 单价合同使用本表，"支付"栏时间应与单价项目进度款支付周期相同。

3. 总价合同使用本表，"支付"栏时间应与约定的工程计量周期相同。

11．主要材料、工程设备一览表

（1）承包人提供主要材料和工程设备一览表（适用于造价信息差额调整法）

表-21　承包人提供主要材料和工程设备一览表

（适用于造价信息差额调整法）

工程名称：某公园木桥、架空栈道工程　　　　标段：　　　　　　　第1页　共1页

序号	名称、规格、型号	单位	数量	风险系数（％）	基准单价（元）	投标单价（元）	发承包人确认单价（元）	备注
1	预拌混凝土 C20	m³	15	≤5	310	308		
2	预拌混凝土 C25	m³	220	≤5	323	325		
3	预拌混凝土 C30	m³	310	≤5	340	340		
	（略）							

注：1. 此表由招标人填写除"投标单价"栏的内容，投标人在投标时自主确定投标单价。

　　2. 投标人应优先采用工程造价管理机构发布的单价作为基准单价，未发布的，通过市场调查确定其基准单价。

（2）承包人提供主要材料和工程设备一览表（适用于价格指数差额调整法）

表-22　承包人提供主要材料和工程设备一览表

（适用于价格指数差额调整法）

工程名称：某公园木桥、架空栈道工程　　　　标段：　　　　　　　　第1页　共1页

序号	名称、规格、型号	变值权重 B	基本价格指数 F_0	现行价格指数 F_t	备注
1	人工	0.18	110％		
2	钢材	0.11	4000 元/t		
3	预拌混凝土 C30	0.16	340 元/m³		
4	页岩砖	0.15	300 元/千匹		
5	机械费	0.08	100％		
	定值权重 A	0.42	—	—	
	合　计	1	—	—	

注：1. "名称、规格、型号"、"基本价格指数"栏由招标人填写，基本价格指数应首先采用工程造价管理机构发布的价格指数，没有时，可采用发布的价格代替。如人工、机械费也采用本法调整由招标人在"名称"栏填写。

2. "变值权重"栏由投标人根据该项人工、机械费和材料、工程设备值在投标总报价中所占的比例填写，1减去其比例为定值权重。

3. "现行价格指数"按约定的付款证书相关周期最后一天的前 42 天的各项价格指数填写，该指数应首先采用工程造价管理机构发布的价格指数，没有时，可采用发布的价格代替。

4.4 工程竣工结算编制实例

现以某公园木桥、架空栈道工程为例介绍工程竣工结算编制（由发包人委托工程造价咨询人核对竣工结算）。

1. 封面

竣工结算书封面应填写竣工工程的具体名称，发承包双方应盖其单位公章，如委托工程造价咨询人办理的，还应加盖其单位公章。

封-4 竣工结算书封面

<u>某公园木桥、架空栈道</u> **工程**

竣工结算书

发 包 人：<u>　　××开发区管委会　　</u>

（单位盖章）

承 包 人：<u>　　××园林公司　　</u>

（单位盖章）

造价咨询人：<u>　　××工程造价咨询企业　　</u>

（单位盖章）

××年×月×日

2. 扉页

1）承包人自行编制竣工结算总价，竣工结算总价扉页由承包人单位注册的造价人员编制，承包人盖单位公章，法定代表人或其授权人签字或盖章，编制的造价人员（造价工程师或造价员）在编制人栏签字盖执业专用章。

发包人自行核对竣工结算时，由发包人单位注册的造价工程师核对，发包人盖单位公章，法定代表人或其授权人签字或盖章，造价工程师在核对人栏签字盖执业专用章。

2）发包人委托工程造价咨询人核对竣工结算时，竣工结算总价扉页由工程造价咨询人单位注册的造价工程师核对，发包人盖单位公章，法定代表人或其授权人签字或盖章；工程造价咨询人盖单位资质专用章，法定代表人或其授权人签字或盖章，造价工程师在核对人栏签字盖执业专用章。

除非出现发包人拒绝或不答复承包人竣工结算书的特殊情况，竣工结算办理完毕后，竣工结算总价封面发承包双方的签字、盖章应当齐全。

扉-4　竣工结算书扉页

<u>　某公园木桥、架空栈道　</u>工程

竣工结算总价

签约合同价（小写）：　799908.84 元　　（**大写）：**　柒拾玖万玖仟玖佰零捌元捌角肆分

竣工结算价（小写）：　703538.75 元　　（**大写）：**　柒拾万叁仟伍佰叁拾捌元柒角伍分

发包人：××管委会　　**承包人：**××建筑公司　　**造价咨询人：**××工程造价咨询企业

　　（单位盖章）　　　　　（单位盖章）　　　　　　　（单位资质专用章）

法定代表人××管委会　　**法定代表人**　××建筑公司　　**法定代表人**　××工程造价咨询企业

或其授权人：　××× 　　**或其授权人：**　×××　　**或其授权人：**　×××

　（签字或盖章）　　　　　（签字或盖章）　　　　　　（签字或盖章）

编制人：　×××　　　　　　　　**核对人：**　×××

　（造价人员签字盖专用章）　　　　　（造价工程师签字盖专用章）

编制时间：××年×月×日　　　　　　核对时间：××年×月×日

3. 总说明

竣工结算的总说明内容应包括：

1）工程概况；

2）编制依据；

3）工程变更；

4）工程价款调整；

5）索赔；

6）其他等。

表-01　总　说　明

工程名称：某公园木桥、架空栈道工程　　　　　　　　　　　　　　第1页　共1页

　　1. 工程概况：本生态园区位于××区，交通便利，园区中建筑与市政建设均已完成。生态园区面积约为1060m²，招标计划工期为100日历天，投标工期为80日历天，实际工期75日历天。

　　2. 竣工结算核对依据：

　　（1）承包人报送的竣工结算；

　　（2）施工合同；

　　（3）竣工图、发包人确认的实际完成工程量和索赔及现场签证资料；

　　（4）省工程造价管理机构发布的人工费调整文件。

　　3. 核对情况说明：

　　原报送结算金额为799908.84元，核对后确认金额为703538.75元。

　　4. 其他（略）。

4. 竣工结算汇总表

表-05　建设项目竣工结算汇总表

工程名称：某公园木桥、架空栈道工程　　　　　　　　　　　　　　第1页　共1页

序号	单项工程名称	金额（元）	其中：（元）	
			安全文明施工费	规费
1	某公园木桥、架空栈道工程	703538.75	49302.00	14110.34
合　　计		703538.75	49302.00	14110.34

表-06　单项工程竣工结算汇总表

工程名称：某公园木桥、架空栈道工程　　　　　　　　　　第1页　共1页

序号	单位工程名称	金额（元）	其中：（元）	
			安全文明施工费	规费
1	某公园木桥、架空栈道工程	703538.75	49302.00	14110.34
	合　计	703538.75	49302.00	14110.34

表-07　单位工程竣工结算汇总表

工程名称：某公园木桥、架空栈道工程　　　　　　　　　　第1页　共1页

序号	汇 总 内 容	金额（元）
1	分部分项	599618.81
0101	土（石）方工程	31971.75
0105	混凝土及钢筋混凝土工程	163882.77
0106	金属结构工程	7997.85
0107	木结构工程	882.03
0111	楼地面装饰工程	270713.37
0115	其他装饰工程	109268.88
0112	墙柱面装饰与隔断、幕墙工程	2374.21
0114	油漆、涂料、裱糊工程	8388.07
0502	园路、园桥工程	4139.88
2	措施项目	63159.58
0504	其中：安全文明施工费	49302.00
3	其他项目	76839.80
3.1	其中：专业工程暂估价	19870.00
3.2	其中：计日工	7003.00
3.3	其中：总承包服务费	21425.80
3.4	其中：索赔与现场签证	28541.00
4	规费	14110.34
5	税金	26650.02
竣工结算合计＝1＋2＋3＋4＋5		703538.75

注：本表适用于单位工程招标控制价或投标报价的汇总，单项工程也使用本表汇总。

5. 分部分项工程和单价措施项目清单与计价表

编制竣工结算时，分部分项工程和单价措施项目清单与计价表中可取消"暂估价"。

表-08　分部分项工程和单价措施项目清单与计价表（一）

工程名称：某公园木桥、架空栈道工程　　　　标段：　　　　　　　第1页　共3页

序号	项目编码	项目名称	项目特征描述	计量单位	工程量	金额（元）		
						综合单价	合价	其中
								暂估价
			0101 土石方工程					
1	010101002001	挖一般土方	原土打夯机夯实	m³	438.50	16.15	7081.78	
2	010101002002	挖一般土方	三类土，弃土运距<7km	m³	20.97	6.29	131.90	
3	010101002003	挖一般土方	架空栈道人工挖基础土方一、二类土	m³	3080.42	7.96	24520.14	
4	010101001001	平整场地	木桥平整场地	m²	72.10	3.30	237.93	
			分部小计				31971.75	
			0105 混凝土及钢筋混凝土工程					
5	010501003001	独立基础	C20 钢筋混凝土独立柱基础现场搅拌	m³	125.12	188.20	23547.58	
6	010502001001	矩形柱	C20 钢筋混凝土矩形柱断面尺寸 200mm×200mm	m³	1.20	213.38	256.06	
7	010502001002	矩形柱	栈道矩形柱 200mm×200mm	m³	25.10	236.59	5938.41	
8	010515001001	现浇构件钢筋	φ10 以内	t	0.44	5132.29	2258.21	
9	010515001002	现浇构件钢筋	φ10 以外	t	21.80	5758.34	125531.81	
10	010516001001	螺栓	—	t	0.23	5779.62	1329.31	
			分部小计				158861.38	
			本页小计				190833.13	
			合　计				190833.13	

表-08　分部分项工程和单价措施项目清单与计价表（二）

工程名称：某公园木桥、架空栈道工程　　　标段：　　　　　　　第2页　共3页

序号	项目编码	项目名称	项目特征描述	计量单位	工程量	金额（元）		其中
						综合单价	合价	暂估价
			0105 混凝土及钢筋混凝土工程					
11	010516002001	预埋铁件	—	t	0.60	5651.54	3390.92	
12	010515006001	预应力钢丝	10# 钢丝绳拉结	t	0.24	6793.62	1630.47	
			分部小计				163882.77	
			0106 金属结构工程					
13	010602002001	钢托架	木桥钢托架 14# 槽钢	t	0.78	5241.43	4088.32	
14	010603003001	钢管柱	—	t	0.59	6626.33	3909.53	
			分部小计				7997.85	
			0107 木结构工程					
15	010702001001	木柱	木柱 200mm 直径	m³	0.42	2100.07	882.03	
			分部小计				882.03	
			0111 楼地面装饰工程					
16	011104002001	竹木地板	木质桥面板 150mm×150mm 美国南方松木板	m²	1436.45	188.46	270713.37	
			分部小计				270713.37	
			0115 其他装饰工程					
17	011503002001	硬木扶手	硬木扶手带栏杆、栏板	m	674.00	81.06	54634.44	
18	011503002002	硬木扶手	硬木扶手（美国南方松）、不锈钢螺栓连接	m	674.00	81.06	54634.44	
			分部小计				109268.88	
			本页小计				393883.52	
			合　计				584716.65	

表-08 分部分项工程和单价措施项目清单与计价表（三）

工程名称：某公园木桥、架空栈道工程　　　标段：　　　　　第 3 页　共 3 页

序号	项目编码	项目名称	项目特征描述	计量单位	工程量	综合单价	合价	其中 暂估价
			0112 墙、柱面装饰与隔断、幕墙工程					
19	011202001001	柱、梁面一般抹灰	—	m²	213.70	11.11	2374.21	
			分部小计				2374.21	
			0114 油漆、涂料、裱糊工程					
20	011405001001	金属面油漆	—	m²	783.20	10.71	8388.07	
			分部小计				8388.07	
			0502 园路、园桥工程					
21	050201014001	木制步桥	木质美国南方松木桥面板 150mm×50mm	m²	0.60	6899.80	4139.88	
			分部小计				4139.88	
			本页小计				14902.16	
			合　　计				599618.81	

6. 综合单价分析表

编制工程结算时，应在已标价工程量清单中的综合单价分析表中将确定的调整过的人工单价、材料单价等进行置换，形成调整后的综合单价。

表-09 综合单价分析表

工程名称：某公园木桥、架空栈道工程   标段：   第1页 共1页

项目编码	010515001001	项目名称	现浇构件钢筋	计量单位	t	工程量	0.44

<table>
<tr><td colspan="12" align="center">综合单价组成明细</td></tr>
<tr><td rowspan="2">定额编号</td><td rowspan="2">定额名称</td><td rowspan="2">定额单位</td><td rowspan="2">数量</td><td colspan="4">单价（元）</td><td colspan="4">合价（元）</td></tr>
<tr><td>人工费</td><td>材料费</td><td>机械费</td><td>管理费和利润</td><td>人工费</td><td>材料费</td><td>机械费</td><td>管理费和利润</td></tr>
<tr><td>08-99</td><td>现浇螺纹钢筋制作安装</td><td>t</td><td>1.00</td><td>324.23</td><td>4643.35</td><td>62.42</td><td>102.29</td><td>324.23</td><td>4643.35</td><td>62.42</td><td>102.29</td></tr>
<tr><td></td><td></td><td></td><td></td><td></td><td></td><td></td><td></td><td></td><td></td><td></td><td></td></tr>
<tr><td></td><td></td><td></td><td></td><td></td><td></td><td></td><td></td><td></td><td></td><td></td><td></td></tr>
<tr><td></td><td></td><td></td><td></td><td></td><td></td><td></td><td></td><td></td><td></td><td></td><td></td></tr>
<tr><td colspan="4" align="center">人工单价</td><td colspan="4" align="center">小   计</td><td>324.23</td><td>4643.35</td><td>62.42</td><td>102.29</td></tr>
<tr><td colspan="4" align="center">25元/工日</td><td colspan="4" align="center">未计价材料费</td><td colspan="4"></td></tr>
<tr><td colspan="8" align="center">清单项目综合单价</td><td colspan="4" align="center">5132.29</td></tr>
</table>

<table>
<tr><td rowspan="8">材料费明细</td><td colspan="2" align="center">主要材料名称、规格、型号</td><td>单位</td><td>数量</td><td>单价（元）</td><td>合价（元）</td><td>暂估单价（元）</td><td>暂估合价（元）</td></tr>
<tr><td colspan="2" align="center">螺纹钢筋，Q235，$\phi14$</td><td>t</td><td>1.07</td><td>2098.74</td><td>2245.65</td><td></td><td></td></tr>
<tr><td colspan="2" align="center">焊条</td><td>kg</td><td>8.64</td><td>4.00</td><td>34.56</td><td></td><td></td></tr>
<tr><td colspan="2"></td><td></td><td></td><td></td><td></td><td></td><td></td></tr>
<tr><td colspan="2"></td><td></td><td></td><td></td><td></td><td></td><td></td></tr>
<tr><td colspan="2"></td><td></td><td></td><td></td><td></td><td></td><td></td></tr>
<tr><td colspan="4" align="center">其他材料费</td><td>—</td><td>2363.14</td><td></td><td></td></tr>
<tr><td colspan="4" align="center">材料费小计</td><td>—</td><td>4643.35</td><td></td><td></td></tr>
</table>

注：1. 如不使用省级或行业建设主管部门发布的计价依据，可不填定额编号、名称等。

2. 招标文件提供了暂估单价的材料，按暂估的单价填入表内"暂估单价"栏及"暂估合价"栏。

（其他工程综合单价分析表略）

7. 综合单价调整表

综合单价调整表用于由于各种合同约定调整因素出现时调整综合单价，此表实际上是一个汇总性质的表，各种调整依据应附表后，并且注意，项目编码、项目名称必须与已标价工程量清单保持一致，不得发生错漏，以免发生争议。

表-10　综合单价调整表

工程名称：某公园木桥、架空栈道工程　　　　标段：　　　　　　　　第1页　共1页

序号	项目编码	项目名称	已标价清单综合单价（元）					调整后综合单价（元）				
			综合单价	其　中				综合单价	其　中			
				人工费	材料费	机械费	管理费和利润		人工费	材料费	机械费	管理费和利润
1	010515001001	现浇构件钢筋	4787.16	294.75	4327.70	62.42	102.29	5132.29	324.23	4643.35	62.42	102.29
2												

造价工程师（签章）：　发包人代表（签章）：　　　造价人员（签章）：　发包人代表（签章）：

日期：　　　　　　　　　　　　　　　　　　　　　日期：

注：综合单价调整应附调整依据。

8. 总价措施项目清单与计价表

编制工程结算时，如省级或行业建设主管部门调整了安全文明施工费，应按调整后的标准计算此费用，其他总价措施项目经发承包双方协商进行了调整的，按调整后的标准计算。

表-11　总价措施项目清单与计价表

工程名称：某公园木桥、架空栈道工程　　　　标段：　　　　　　　　第1页　共1页

序号	项目编码	项目名称	计算基础	费率（%）	金额（元）	调整费率（%）	调整后金额（元）	备注
1	050405001001	安全文明施工费	人工费	30	49402.15	25	49302.00	
2	050405002001	夜间施工增加费	人工费	1.5	1125.00	1.5	1125.00	
3	050405005001	冬雨季施工增加费	人工费	8	12084.62	10	12264.58	
4	050405008001	已完工程及设备保护			470.00		468.00	
	合　计				63081.77		63159.58	

编制人（造价人员）：　　　　　　　　　　　　复核人（造价工程师）：

注：1. "计算基础"中安全文明施工费可为"定额基价"、"定额人工费"或"定额人工费＋定额机械费"，其他项目可为"定额人工费"或"定额人工费＋定额机械费"。

　　2. 按施工方案计算的措施费，若无"计算基础"和"费率"的数值，也可只填"金额"数值，但应在备注栏说明施工方案出处或计算方法。

(3) 计日工表

编制工程竣工结算的"计日工表"时，实际数量按发承包双方确认的填写。

表-12-4 计日工表

工程名称：某公园木桥、架空栈道工程　　　　标段：　　　　　　　第1页 共1页

编号	项目名称	单位	暂定数量	实际数量	综合单价（元）	合价（元）	
						暂定	实际
一	人工						
1	技工	工日	15.00	17.00	30.00	450.00	510.00
2							
3							
	人工小计					450.00	510.00
二	材料						
1	42.5级普通水泥	t	13.00	12.00	279.95	3639.35	3359.4
2							
3							
	材料小计					3639.35	3359.4
三	施工机械						
1	汽车起重机20t	台班	4.00	5.00	608.36	2433.44	3041.80
2							
3							
	施工机械小计					2433.44	3041.80
	四、企业管理费和利润					—	
	总　计					6519.79	7003.00

注：按承包双方确认的实际数量计算合价。

（4）总承包服务费计价表

编制工程竣工结算的"总承包服务费计价表"时，发承包双发应按承包人已标价工程量清单中的报价计算，若发承包双发确定调整的，按调整后的金额计算。

表-12-5　总承包服务费计价表

工程名称：某公园木桥、架空栈道工程　　　标段：　　　　　　第1页　共1页

序号	项目名称	项目价值（元）	服务内容	计算基础	费率（%）	金额（元）
1	发包人发包专业工程	198700	1. 按专业工程承包人的要求提供施工工作面并对施工现场进行统一管理，对竣工资料进行统一整理汇总 2. 为专业工程承包人提供垂直运输机械和焊接电源接入点，并承担垂直运输费和电费		7	13909
2	发包人供应材料	626400	对发包人供应的材料进行验收及保管和使用发放		1.2	7516.80
	合　　计	—	—	—	—	21425.8

注：此表项目名称、服务内容由招标人填写，编制招标控制价时，费率及金额由招标人按有关计价规定确定；投标时，费率及金额由投标人自主报价，计入投标总价中。

（5）索赔与现场签证计价汇总表

索赔与现场签证计价汇总表是对发承包双方签证认可的"费用索赔申请（核准）表"和"现场签证表"的汇总。

表-12-6　索赔与现场签证计价汇总表

工程名称：某公园木桥、架空栈道工程　　　　标段：　　　　　　　　第1页　共1页

序号	签证及索赔项目名称	计量单位	数量	单价（元）	合价（元）	索赔及签证依据
1	暂停施工				3178.37	001
2	砌筑花池	座	5	500	2500.00	002
…	（其他略）					
—	本页小计	—	—	—	28541.00	—
—	合　计	—	—	—	28541.00	—

注：签证及索赔依据是指经双方认可的签证单和索赔依据的编号。

（6）费用索赔申请（核准）表

费用索赔申请（核准）表将费用索赔申请与核准设置于一个表，非常直观。使用本表时，承包人代表应按合同条款的约定阐述原因，附上索赔证据、费用计算报发包人，经监理工程师复核（按照发包人的授权不论是监理工程师或发包人现场代表均可），经造价工程师（此处造价工程师可以是承包人现场管理人员，也可以是发包人委托的工程造价咨询企业的人员）复核具体费用，经发包人审核后生效，该表以在选择栏中"□"内作标识"√"表示。

表-12-7 费用索赔申请（核准）表

工程名称：某公园木桥、架空栈道工程   标段：   编号：001

致：××开发区管委会

致：××开发区管委会

　　根据施工合同条款第12条的约定，由于你方工作需要的原因，我方要求索赔金额（大写）叁仟壹佰柒拾捌元叁角柒分（小写3178.37元），请予核准。

　　附：1. 费用索赔的详细理由和依据：根据发包人"关于暂停施工的通知"（详见附件1）。

　　　　2. 索赔金额的计算：详见附件2。

　　　　3. 证明材料：监理工程师确认的现场工人、机械、周转材料数量及租赁合同（略）。

承包人（章）：（略）

承包人代表：＿＿×××＿＿

日　　期：××年×月×日

复核意见：	复核意见：
根据施工合同条款第12条的约定，你方提出的费用索赔申请经复核： □不同意此项索赔，具体意见见附件。 ☑同意此项索赔，索赔金额的计算，由造价工程师复核。	根据施工合同条款第12条的约定，你方提出的费用索赔申请经复核，索赔金额为（大写）叁仟壹佰柒拾捌元叁角柒分（小写3178.37元）。
监理工程师：＿＿×××＿＿ 　　　　　　　　日　　期：××年×月×日	监理工程师：＿＿×××＿＿ 　　　　　　　　日　　期：××年×月×日

审核意见：

　　□不同意此项索赔。

　　☑同意此项索赔，与本期进度款同期支付。

发包人（章）（略）

发包人代表：＿＿×××＿＿

日　　期：××年×月×日

注：1. 在选择栏中的"□"内作标识"√"。

　　2. 本表一式四份，由承包人填报，发包人、监理人、造价咨询人、承包人各存一份。

附件 1

关于暂停施工的通知

××建筑公司××项目部：

因开发区办公室工作安排，经管委会研究，决定于××年×月×日下午，你项目部承建的公园木桥、架空栈道工程暂停施工半天。

特此通知。

××开发区管委会

办公室（章）

××年×月×日

附件 2

索赔金额的计算

一、人工费

1. 普工 15 人：15 人×70/工日×0.5＝525 元

2. 技工 35 人：35 人×100/工日×0.5＝1750 元

小计：2275 元

二、机械费

1. 自升式塔式起重机 1 台：1×526.20/台班×0.5×0.6＝157.86 元

2. 灰浆搅拌机 1 台：1×18.38/台班×0.5×0.6＝5.51 元

3. 其他各种机械（台套数量及具体费用计算略）：50 元

小计：213.37 元

三、周转材料

1. 脚手脚钢管：25000m×0.012/天×0.5＝150 元

2. 脚手脚扣件：17000 个×0.01/天×0.5＝85 元

小计：235 元

四、管理费

2275×20％＝455.00 元

索赔费用合计：3178.37 元

××建筑公司××公园项目部

××年×月×日

（7）现场签证表

现场签证种类繁多，发承包双方在工程实施过程中来往信函就责任事件的证明均可称为现场签证，但并不是所有的签证均可马上算出价款，有的需要经过索赔程序，这时的签证仅是索赔的依据，有的签证可能根本不涉及价款。本表仅是针对现场签证需要价款结算支付的一种，其他内容的签证也可适用。考虑到招标时招标人对计日工项目的预估难免会有遗漏，造成实际施工发生后无相应的计日工单价，现场签证只能包括单价一并处理，因此，在汇总时，有计日工单价的，可归并于计日工，如无计日工单价的，归并于现场签证，以示区别。当然，现场签证全部汇总于计日工也是一种可行的处理方式。

表-12-8　现场签证表

工程名称：某公园木桥、架空栈道工程　　　标段：　　　　　　　　　编号：002

施工单位	指定位置	日期	××年×月×日

致：××开发区管委会

　　根据×××2014年××月××日的口头指令，我方要求完成此项工作应支付价款金额为（大写）贰仟伍佰元（小写2500.00），请予核准。

　　附：1. 签证事由及原因：新增加5座花池。

　　2. 附图及计算式：（略）

承包人（章）：（略）

承包人代表：　×××

日　　　期：××年×月×日

复核意见：	复核意见：
你方提出的此项签证申请经复核： □不同意此项签证，具体意见见附件。 ☑同意此项签证，签证金额的计算，由造价工程师复核。 　　　监理工程师：　　××× 　　　日　　　期：××年×月×日	☑此项签证按承包人中标的计日工单价计算，金额为（大写）贰仟伍佰元，（小写2500.00）。 □此项签证因无计日工单价，金额为（大写）　　　元，（小写）　　　。 　　　造价工程师：　　××× 　　　日　　　期：××年×月×日

审核意见：

　□不同意此项签证。

　☑同意此项签证，价款与本期进度款同期支付。

承包人（章）：（略）

承包人代表：　×××

日　　　期：××年×月×日

注：1. 在选择栏中的"□"内作标识"√"。

　　2. 本表一式四份，由承包人在收到发包人（监理人）的口头或书面通知后填写，发包人、监理人、造价咨询人、承包人各存一份。

10. 规费、税金项目计价表

在施工实践中，有的规费项目，如工程排污费，并非每个工程所在地都要征收，实践中可作为按实计算的费用处理。

表-13 规费、税金项目计价表

工程名称：某公园木桥、架空栈道工程　　　标段：　　　　　　　　　第1页　共1页

序号	项目名称	计算基础	计算基数	费率（%）	金额（元）
1	规费	定额人工费			14110.34
1.1	社会保险费	定额人工费	(1) ＋…＋ (4)		9028.36
(1)	养老保险费	定额人工费		3.5	2523.52
(2)	失业保险费	定额人工费		2	1412.48
(3)	医疗保险费	定额人工费		6	4516.68
(4)	工伤保险费	定额人工费		0.5	575.68
1.2	住房公积金	定额人工费		6	4812.86
1.3	工程排污费	按工程所在地环境保护部门收取标准，按实计入		0.14	269.12
2	税金	分部分项工程费＋措施项目费＋其他项目费＋规费－按规定不计税的工程设备金额		3.413	26650.02
	合　计				40760.36

编制人（造价人员）：　　　　　　　　　　　　复核人（造价工程师）：

11. 工程计量申请（核准）表

工程计量申请（核准）表填写的"项目编码"、"项目名称"、"计量单位"应与已标价工程量清单表中的一致，承包人应在合同约定的计量周期结束时，将申报数量填写在申报数量栏，发包人核对后如与承包人不一致，填在核实数量栏，经发承包双发共同核对确认的计量填在确认数量栏。

表-14 工程计量申请（核准）表

工程名称：某公园木桥、架空栈道工程   标段：   第1页 共1页

序号	项目编码	项目名称	计量单位	承包人申报数量	发包人核实数量	发承包人确认数量	备注
1	010101002001	挖一般土方	m²	430.10	438.50	438.50	
2	010101001001	平整场地	m²	72.10	72.10	72.10	
	（略）						

承包人代表：	监理工程师：	造价工程师：	发包人代表：
××× 日期：××年×月×日	××× 日期：××年×月×日	××× 日期：××年×月×日	××× 日期：××年×月×日

12. 预付款支付申请（核准）表

表-15　预付款支付申请（核准）表

工程名称：某公园木桥、架空栈道工程　　　标段：　　　　　　　　　　编号：

致：××开发区管委会

　　我方根据施工合同的约定，现申请支付工程预付款额为（大写）拾万玖仟陆百叁拾壹元（小写 109631.00 元），请予核准。

序号	名　称	申请金额/元	复核金额/元	备注
1	已签约合同价款金额	799908.84	799908.84	
2	其中：安全文明施工费	49402.15	49402.15	
3	应支付的预付款	79990	79000	
4	应支付的安全文明施工费	29641	29641	
5	合计应支付的预付款	108641	108641	

计算依据见附件

　　　　　　　　　　　　　　　　　　　　　　　　　　　承包人（章）

造价人员：＿×××＿　　承包人代表：＿×××＿　　日　期：××年×月×日

复核意见：

　□与合同约定不相符，修改意见见附件。

　☑与合约约定相符，具体金额由造价工程师复核。

　　　　　　监理工程师：＿×××＿

　　　　　　日　期：××年×月×日

复核意见：

　　你方提出的支付申请经复核，应支付预付款金额为（大写）拾万捌仟陆百肆拾壹元（小写 108641.00 元）。

　　　　　　造价工程师：＿×××＿

　　　　　　日　期：××年×月×日

审核意见：

　□不同意。

　☑同意，支付时间为本表签发后的 15 天内。

　　　　　　　　　　　　　　　　　　　　　　　　　　　发包人（章）

　　　　　　　　　　　　　　　　　　　　　发包人代表：＿×××＿

　　　　　　　　　　　　　　　　　　　　　日　期：××年×月×日

注：1. 在选择栏中的"□"内作标识"√"。

　　2. 本表一式四份，由承包人填报，发包人、监理人、造价咨询人、承包人各存一份。

13. 总价项目进度款支付分解表

表-16　总价项目进度款支付分解表

工程名称：某公园木桥、架空栈道工程　　　　标段：　　　　　　　　　单位：元

序号	项目名称	总价金额	首次支付	二次支付	三次支付	四次支付	五次支付	
	安全文明施工费	49302.00	14790	14790	9861	9861		
	夜间施工增加费	1125.00	225	225	225	225	225	
	冬雨季施工增加费	12264.58	2452	2452	2452	2452	2456.58	
	略							
	社会保险费	9028.36	1805	1805	1805	1805	1808.36	
	住房公积金	4812.86	962	962	962	962	964.86	
	合　　计							

编制人（造价人员）：　　　　　　　　　　　　复核人（造价工程师）：

注：1. 本表应由承包人在投标报价时根据发包人在招标文件明确的进度款支付周期与报价填写，签订合同时，
　　　 发承包双方可就支付分解协商调整后作为合同附件。

　　2. 单价合同使用本表，"支付"栏时间应与单价项目进度款支付周期相同。

　　3. 总价合同使用本表，"支付"栏时间应与约定的工程计量周期相同。

14. 进度款支付申请（核准）表

表-17 进度款支付申请（核准）表

工程名称：某公园木桥、架空栈道工程　　　标段：　　　　　　　　　编号：

致：××开发区管委会

　　我方于××至××期间已完成了±0～二层楼工作，根据施工合同的约定，现申请支付本期的工程款额为（大写）拾肆万贰仟叁佰零肆元（小写142304.00元），请予核准。

序号	名　称	申请金额/元	复核金额/元	备注
1	累计已完成的合同价款	159981.76	——	159981.76
2	累计已实际支付的合同价款	115876.23	——	115876.23
3	本周期合计完成的合同价款	162578.00	152489.00	152489.00
3.1	本周期已完成单价项目的金额	138542.36		
3.2	本周期应支付的总价项目的金额	14230.00		
3.3	本周期已完成的计日工价款	1304.50		
3.4	本周期应支付的安全文明施工费	9880.43		
3.5	本周期应增加的合同价款	1379.29		
4	本周期合计应扣减的金额	10185.00	10185.00	12685.00
4.1	本周期应抵扣的预付款	10185.00		10185.00
4.2	本周期应扣减的金额	0		2500.00
5	本周期应支付的合同价款	147568.50	142304.00	139804.00

附：上述3、4详见附件清单。

　　　　　　　　　　　　　　　　　　　　　　　　　承包人（章）

　　造价人员：　××× 　　　承包人代表：　×××　　　日　　期：××年×月×日

复核意见： 　　□与实际施工情况不相符，修改意见见附件。 　　☑与实际施工情况相符，具体金额由造价工程师复核。 　　　　监理工程师：　××× 　　　　日　　期：××年×月×日	复核意见： 　　你方提供的支付申请经复核，本期间已完成工程款额为（大写）拾陆万贰仟伍佰柒拾捌元（小写162578.00元），本期间应支付金额为（大写）拾叁万玖仟捌佰零肆元（小写139804.00元）。 　　　　造价工程师：　××× 　　　　日　　期：××年×月×日

审核意见：

　　□不同意。

　　☑同意，支付时间为本表签发后的15天内。

　　　　　　　　　　　　　　　　　　　　　　发包人（章）

　　　　　　　　　　　　　　　　　　　发包人代表：　×××

　　　　　　　　　　　　　　　　　　　日　　期：××年×月×日

注：1. 在选择栏中的"□"内作标识"√"。

　　2. 本表一式四份，由承包人填报，发包人、监理人、造价咨询人、承包人各存一份。

15. 竣工结算款支付申请（核准）表

表-18 竣工结算款支付申请（核准）表

工程名称：某公园木桥、架空栈道工程　　　标段：　　　　　　　　编号：

致：××开发区管委会

我方于××至×××期间已完成合同约定的工作，工程已经完工，根据施工合同的约定，现申请支付竣工结算合同款额为（大写）捌万捌仟壹佰叁拾玖元捌角叁分（小写88139.83元），请予核准。

序号	名　　称	申请金额（元）	复核金额（元）	备注
1	竣工结算合同价款总额	703538.75	703538.75	
2	累计已实际支付的合同价款	575712.37	575712.37	
3	应预留的质量保证金	39686.55	39686.55	
4	应支付的竣工结算款金额	88139.83	88139.83	

承包人（章）

造价人员：×××　　　承包人代表：×××　　　日　　期：××年×月×日

复核意见：

　□与实际施工情况不相符，修改意见见附件。

　☑与实际施工情况相符，具体金额由造价工程师复核。

　　　　　　监理工程师：　×××
　　　　　　日　　期：××年×月×日

复核意见：

　你方提出的竣工结算款支付申请经复核，竣工结算款总额为（大写）柒拾万叁仟伍佰叁拾捌元柒角伍分（小写703538.75元），扣除前期支付以及质量保证金后应支付金额为（大写）捌万捌仟壹佰叁拾玖元捌角叁分（小写88139.83元）。

　　　　　　造价工程师：　×××
　　　　　　日　　期：××年×月×日

审核意见：

　□不同意。

　☑同意，支付时间为本表签发后的15天内。

　　　　　　发包人（章）
　　　　　　发包人代表：　×××
　　　　　　日　　期：××年×月×日

注：1. 在选择栏中的"□"内作标识"√"。

　　2. 本表一式四份，由承包人填报，发包人、监理人、造价咨询人、承包人各存一份。

16. 最终结清支付申请（核准）表

表-19 最终结清支付申请（核准）表

工程名称：某公园木桥、架空栈道工程　　　标段：　　　　　　　　　编号：

致：××开发区管委会

　　我方于××至××期间已完成了缺陷修复工作，根据施工合同的约定，现申请支付最终结清合同款额为（大写）叁万玖仟陆佰捌拾陆元伍角五分（小写39686.55），请予核准。

序号	名　称	申请金额/元	复核金额/元	备注
1	已预留的质量保证金	39686.55	39686.55	
2	应增加因发包人原因造成缺陷的修复金额	0	0	
3	应扣减承包人不修复缺陷、发包人组织修复的金额	0	0	
4	最终应支付的合同价款	39686.55	39686.55	

　　　　　　　　　　　　　　　　　　　　　　　　　承包人（章）

造价人员：　××× 　　承包人代表：　××× 　　日　期：××年×月×日

复核意见

　　□与实际施工情况不相符，修改意见见附件。

　　☑与实际施工情况相符，具体金额由造价工程师复核。

　　　　　　　监理工程师：　×××
　　　　　　　日　　期：××年×月×日

复核意见：

　　你方提出的支付申请经复核，最终应支付金额为（大写）叁万玖仟陆佰捌拾陆元伍角五分（小写39686.55）。

　　　　　　　造价工程师：　×××
　　　　　　　日　　期：××年×月×日

审核意见：

　　□不同意。

　　☑同意，支付时间为本表签发后的15天内。

　　　　　　　　　　　　　发包人（章）
　　　　　　　　　　　　　发包人代表：　×××
　　　　　　　　　　　　　日　　期：××年×月×日

注：1. 在选择栏中的"□"内作标识"√"。

　　2. 本表一式四份，由承包人填报，发包人、监理人、造价咨询人、承包人各存一份。

17. 承包人提供主要材料和工程设备一览表

（1）发承包人双方确认的承包人提供主要材料和工程设备一览表（适用于造价信息差额调整法）

表-21　承包人提供主要材料和工程设备一览表

（适用于造价信息差额调整法）

工程名称：某公园木桥、架空栈道工程　　　　标段：　　　　　　　　第 1 页　共 1 页

序号	名称、规格、型号	单位	数量	风险系数（%）	基准单价（元）	投标单价（元）	发承包人确认单价（元）	备注
1	预拌混凝土 C20	m³	15	≤5	310	308	309.50	
2	预拌混凝土 C25	m³	220	≤5	323	325	325	
3	预拌混凝土 C30	m³	310	≤5	340	340	340	
	（略）							

注：1. 此表由招标人填写除"投标单价"栏的内容，投标人在投标时自主确定投标单价。

　　2. 投标人应优先采用工程造价管理机构发布的单价作为基准单价，未发布的，通过市场调查确定其基准单价。

（2）发承包人双方确认的承包人提供主要材料和工程设备一览表（适用于价格指数差额调整法）

表-22　承包人提供主要材料和工程设备一览表
（适用于价格指数差额调整法）

工程名称：某公园木桥、架空栈道工程　　　　　标段：　　　　　　　第1页　共1页

序号	名称、规格、型号	变值权重 B	基本价格指数 F_0	现行价格指数 F_t	备注
1	人工费	0.18	110%	121%	
2	钢材	0.11	4000 元/t	4320 元/t	
3	预拌混凝土 C30	0.16	340 元/m³	357 元/m³	
4	页岩砖	0.15	300 元/千匹	318 元/千匹	
5	机械费	0.08	100%	100%	
	定值权重 A	0.42	—	—	
	合　　计	1	—	—	

注：1. "名称、规格、型号"、"基本价格指数"栏由招标人填写，基本价格指数应首先采用工程造价管理机构发布的价格指数，没有时，可采用发布的价格代替。如人工、机械费也采用本法调整由招标人在"名称"栏填写。

2. "变值权重"栏由投标人根据该项人工、机械费和材料、工程设备值在投标总报价中所占的比例填写，1减去其比例为定值权重。

3. "现行价格指数"按约定的付款证书相关周期最后一天的前42天的各项价格指数填写，该指数应首先采用工程造价管理机构发布的价格指数，没有时，可采用发布的价格代替。

参 考 文 献

［1］中华人民共和国住房和城乡建设部．GB 50500—2013　建设工程工程量清单计价规范［S］．北京：中国计划出版社，2013．

［2］中华人民共和国住房和城乡建设部．GB 50858—2013　园林绿化工程工程量计算规范［S］．北京：中国计划出版社，2013．

［3］中华人民共和国住房和城乡建设部．《建设工程计价计量规范辅导》［M］．北京：中国计划出版社，2013．

［4］李倩．园林工程清单计价［M］．北京：中国轻工业出版社，2013．

［5］张舟．手把手教你园林景观工程工程量清单编制［M］．北京：中国建筑工业出版社，2010．

［6］张明轩．园林绿化工程工程量清单计价实施指南［M］．北京：中国电力出版社，2009．

［7］高蓓．园林工程造价应用与细节解析［M］．合肥：安徽科学技术出版社，2010．